排污单位自行监测技术研究

王军霞　敬　红　唐桂刚　著

中国环境出版集团·北京

图书在版编目（CIP）数据

排污单位自行监测技术研究/王军霞等著. —北京：中国环境出版集团，2020.2
ISBN 978-7-5111-4318-1

Ⅰ．①排… Ⅱ．①王… Ⅲ．①排污—环境监测—研究 Ⅳ．①X506

中国版本图书馆 CIP 数据核字（2020）第 044332 号

出 版 人	武德凯	
责任编辑	曲　婷	
责任校对	任　丽	
封面设计	彭　杉	

出版发行　**中国环境出版集团**
　　　　　（100062　北京市东城区广渠门内大街 16 号）
　　　　　网　　址：http://www.cesp.com.cn
　　　　　电子邮箱：bjgl@cesp.com.cn
　　　　　联系电话：010-67112765（编辑管理部）
　　　　　发行热线：010-67125803，010-67113405（传真）

印　　刷	北京中科印刷有限公司
经　　销	各地新华书店
版　　次	2020 年 2 月第 1 版
印　　次	2020 年 2 月第 1 次印刷
开　　本	787×1092　1/16
印　　张	17.5
字　　数	280 千字
定　　价	60.00 元

中国环境出版集团郑重承诺：
中国环境出版集团合作的印刷单位、材料单位均具有中国环境标志产品认证；
中国环境出版集团所有图书"禁塑"。

著者委员会

主要著作者：王军霞　敬　红　唐桂刚

其他著作者：李莉娜　张守斌　刘通浩　邱立莉

长期以来，由于排污单位未承担相应的监测责任，说清污染源排放状况的主要责任由生态环境部门承担。有限的监测能力与无限的管理需求之间的矛盾，高强度的工作负担与低效率的数据应用之间的矛盾，生态环境部门难以全面获取企业生产和污染物排放特征与企业污染物排放状况复杂多变之间的矛盾等，一系列矛盾不断凸显。

中国环境监测总站在生态环境部生态环境监测司的指导下，对国内外污染源监测管理体制和技术体系进行全面深入研究，支撑了我国首个自行监测专门管理文件《国家重点监控企业自行监测及信息公开办法（试行）》（环发〔2013〕81 号）的起草。在此基础上，根据排污单位自行监测实施实际情况，开展技术研究，提出了自行监测方案制定技术方法，并建立了自行监测技术指南体系，提出了分层次的自行监测监督检查技术，开发了自行监测数据管理系统，实现了数据采集、质控、管理、共享，全方位、全过程深入支撑了我国排污单位自行监测工作的实施，并为我国当前正在推进的排污许可制度提供了技术支撑。

本书是由中国环境监测总站参与该项工作的同事编写的，全书由王军霞、敬红、唐桂刚统稿，各章编写人员如下：

第 1 章：唐桂刚、王军霞、赵银慧；第 2 章：王军霞、陈敏敏、张震；第 3 章：李莉娜、万婷婷、董广霞、王军霞；第 4 章：王军霞、唐桂刚、王鑫；第 5 章：邱立莉、夏青、冯亚玲；第 6 章：敬红、邱立莉、李曼；第 7 章：王军霞、唐桂刚、吕卓；第 8 章：刘通浩、杨伟伟、李石；第 9 章：张守斌、王军霞、秦承华；第 10 章：敬红、王军霞、刘通浩。

本书的撰写得到了很多单位和个人的帮助与支持，在此感谢傅德黔副站长、景立新副站长长期以来对该项工作的亲自指导，感谢监测司领导的支持，感谢在监测司挂职的邢树威、罗宗凯、汤佳峰、马光军、秦波等同事的帮助，感谢太极计算机股份有限公司在监测信息管理系统设计与开发中做的大量工作。在相关成果研究过程中，还有大量专家给予了我们很多帮助，提出了很有价值的意见，在此一并感谢！

本书内容是对近年来取得的技术成果的总结，但排污单位自行监测技术研究和探索永无止境，随着时间推移，仍有大量技术问题有待研究。同时限于能力，研究还不够深入，研究成果也难免存在不足之处，希望相关专家学者提出宝贵意见。对本书中表述的不当之处，敬请斧正！

编　者

2019 年 12 月

目 录

第 1 章

总 论

我国污染源监测自 20 世纪 70 年代起步，随着环境管理制度不断发展，在取得成绩的同时也出现了与新需求不够匹配的问题。尤其是"十一五"以来，污染源监督性监测快速发展，但仍无法满足管理需求，亟须完善污染源监测管理制度，明确排污单位自行监测责任，并研究突破随之而来的各项技术难题。本书正是在这样的背景下开展研究的，立足污染源监测管理的现实需求，从排污单位自行监测管理制度、自行监测技术、自行监测业务管理系统、自行监测监督检查等方面进行技术攻关。

本章对本书的背景情况、国外研究进展、主要研究内容、技术路线和主要成果进行概述，是本书核心内容的提炼和展示。

1.1　研究背景

1.1.1　污染源监督性监测不堪重负，排污单位严重缺位，污染源监测管理体制亟须完善

自 2007 年以来，我国污染源监督性监测工作任务逐年增加，开展监督性监测的企业数量从 4 000 多家增长到 2013 年的 1.3 万多家，增长两倍多，见图 1-1。同时，随着环保工作的逐渐深入，各项污染防治、环境管理对污染源监测的要求增强、监测任务逐年增多，且各项监测任务的要求、频次不统一。在监测指标上，从主要污染物监测到按照排放标准全指标监测。在监测频次上，总量减排监测办法规定国控重点污染源监督性监测每季度一次，重金属污染防治规划及生态环境部等八部委文件要求涉重企业每两个月监测一次；同时不少地区存在着大量的季节性生产企业或临时停产企业，减排监测体系考核对于每年的监测次数有不少于 4 次的监测要求，监测人员需要在企业生产期间多次往返监测，客观上增加了监测工作量。

然而，尽管国家投入了大量人力、物力开展监督性监测，但是污染源监督性监测数据在环境执法、总量减排、排污申报等工作中仍存在应用不足、应用范围不广等问题。究其原因，目前的环境管理制度对污染源监测

的需求不明确，缺少针对性。污染源监督性监测按照每个季度一次，或者两个月一次的固定监测频次周而复始地展开，而监测结果难以满足环境管理的需求，造成污染源监测的浪费。

为加强对污染源的监督管理，发挥污染源监督性监测数据的作用，提高环境执法效率，2011 年，环境保护部下发了《关于加强污染源监督性监测数据在环境执法中应用的通知》（环办〔2011〕123 号）。但是只有少部分地区在将污染源监督性监测数据用于环境执法方面有所改善，污染源监督性监测数据未得到充分应用的局面并未根本改变。

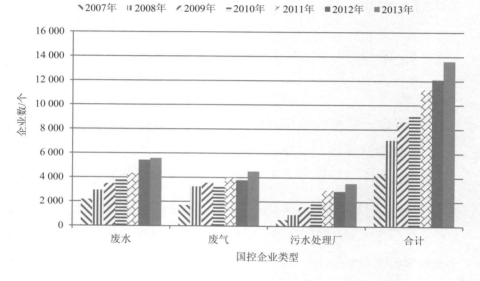

图 1-1　国控企业历年监测数量

排污单位是污染源排放监测与报告的责任主体，排污单位应按照国家法律法规的要求对本单位排污情况进行定期监测，并向生态环境部门报告排污状况。然而，长期以来我国企业承担污染源监测的责任明显不足，尤其是随着国家机构改革进展，行业主管部门逐步整合，由行业主管部门主导和监管的排污监测逐步弱化，排污单位在污染源监测中缺位越来越严重。即便是在环境系统内，长期以来污染源监测往往被理解为政府针对排污单位的单向工作，而容易忽视排污单位自身的环境保护责任，这种观念需要得到根本转变。在具体环境问题上，政府过多承担了企业应当承担的责任，造成政府能力不足、环境管理效率不理想的现象。政府和企业的责任混淆，监督性监测和服务性监测未能区别对待，社会性的监测资源未能充分运用发挥作用等。这些问题的存在导致生态环境部门监测能力有限，对污染源监测覆盖面和监测频次降低，面对量大面广的被监测对象，陷入疲于奔命的被动境地，不能对其进行有效的监督，从而影响环境监督执法的效力。

之所以出现以上现象，从根本上来说是由于我国污染源监测管理体制不合理造成的。由于排污单位未承担相应的监测责任，说清污染源排放状况的主要责任由生态环境部门承担。有限的监测能力与管理需求之间的矛盾、高强度的工作负担与低效率的数据应用之间的矛盾、生态环境部门难以全面获取企业生产和污染物排放特征与企业污染物排放状况复杂多变之间的矛盾等，一系列矛盾不断凸显。这对污染源监测管理体制完善提出强烈需求，应当将企业自行监测作为污染源监测体系中不可或缺的一部分，并发挥基础性作用，由企业在污染源监测中承担主体责任，政府起到监督管理责任。

1.1.2　实施排污单位自行监测是完善环境治理体系的需要，是服务精细化管理的需求

党的十九大报告中提出构建政府为主导、企业为主体、社会组织和公众共同参与的环境治理体系。环境治理体系变革是时代发展的必然，是社会发展的自我完善，是 40 多年环境管理发展经验和教训的总结。

污染源监测是污染防治的重要支撑，需要各方的共同参与。为适应环境治理体系变革的需要，自行监测应发挥相应的作用，补齐短板，提供便利，为社会共治提供条件，彻底改变传统生态环境治理模式中污染治理主体监测缺位现象，为公众提供便于获取、易于理解的自行监测信息。公众是社会共治环境治理体系的重要主体，公众参与的基础是及时获取信息，自行监测数据是反映排放状况的重要信息。社会的变革为公众参与提供了外在便利条件，为了提高自行监测在环境治理体系中的作用，就要充分利用当前发达的自媒体、社交媒体等各种先进、便利的条件，为公众提供便

于获取、易于理解的自行监测数据和基于数据加工而成的相关信息，为公众高效参与提供重要依据。

企业开展排污状况自行监测是法定的责任和义务，同时也是自证守法和自我保护的重要手段和途径。作为固定污染源核心管理制度的排污许可制度明确了排污单位自证守法的权利和责任，排污单位可以通过以下途径进行"自证"。一是应依法开展自行监测，保障数据合法有效，妥善保存原始记录；二是建立准确完整的环境管理台账，记录能够证明其排污状况的相关信息，形成一整套完整的证据链；三是定期、如实向生态环境部门报告排污许可证执行情况。可以看出，自行监测贯穿自证守法的全过程，是自证守法的重要手段和途径。

自行监测是精细化管理与大数据时代信息输入与信息产品输出的需要。随着环境管理向精细化的发展，强化数据应用，根据数据分析识别潜在的环境问题，作出更加科学精准的环境管理决策是环境管理面临的重大命题。大数据时代，信息化水平的提升，为监测数据的加工分析提供了条件，也对数据输入提出了更高需求。自行监测数据承载了大量污染排放和治理信息，然而长期以来并没有得到充分的收集和利用，这是生态环境大数据中缺失的一项重要信息源。

1.1.3 排污单位自行监测基础薄弱，政府和企业均存在诸多疑惑，需要出台一系列技术文件指导排污单位开展自行监测

《国家重点监控企业自行监测及信息公开办法（试行）》（环发〔2013〕81号）的实施，以及2014—2017年先后修订的《环境保护法》《大气污染防治法》《水污染防治法》，对排污单位自行监测的职责有了明确的规定。但是，随着自行监测在各地的推行，各地和排污单位对自行监测的实施有诸多的疑惑，影响了自行监测实施效果，亟须出台自行监测技术指导文件。

对每个排污单位来说，生产工艺产生的污染物、不同监测点位执行排放标准和控制指标、环评报告要求的内容都有不同情况及独特内容。虽然各种监测技术标准与规范已从不同角度对排污单位的监测内容做出了规

定，但是由于国家发布的有关规定必须有普适性、原则性的特点，因此排污单位在开展自行监测过程中如何结合企业具体情况，合理确定监测点位、监测项目和监测频次等实际问题上面临着诸多疑问。

生态环境部门在对全国各地区自行监测及信息公开平台的日常监督检查及现场检查等工作中发现，部分排污单位自行监测方案的内容、监测数据结果的质量不尽如人意，存在排污单位未包括全部排放口、监测点位设置不合理、监测项目仅开展主要污染物、随意设置排放标准限值、自行监测数据弄虚作假等问题，因此应进一步加强对企业自行监测的工作指导和规范，为监督监管企业自行监测提供政策和技术支撑，这就需要建立和完善企业自行监测相关规范内容。

为解决企业开展自行监测过程中遇到的问题，加强对企业自行监测的指导，有必要制定自行监测技术指南，将自行监测要求进一步明确和细化。

一是如何设计监测方案，核心是监测指标、监测点位、监测频次的确定。我国现有的标准规范、管理规定对此没有系统性的规范，尤其是监测频次，如何合理设计缺少指导性的文件。

二是如何开展监测活动。我国当前已经发布了一系列关于污染源监测的技术规范，这些技术规范对于自行监测活动的开展同样适用，但需要与监测管理要求有效衔接并予以规范。

三是如何开展自行监测的质量控制。承担自行监测任务的机构、人员应具备怎样的能力？对自行监测机构、人员的资质如何进行管理？如何确保承担自行监测任务的机构和人员采取合适的质量控制与质量保证措施？这些问题都需要研究并解决，否则自行监测数据的质量就无法保证，对排污许可制度的支撑就无从谈起。

1.1.4　排污单位自行监测数据对于管理和科研有重要意义，建立监测数据管理平台是开展监测数据质量管理的需要，也是服务污染源监管和科研的需要

以美国为例，美国在综合达标信息系统（ICIS-NPDES）以及之前的

许可证达标系统（PCS）中收集了所有持证单位的排污设施及废水的排放特征、自行监测数据、达标限期、许可条件、检查相关内容、强制执法行为等信息。这些信息不仅为管理机构审查持证单位是否依证排污提供了数据基础，也为开展其他管理活动提供了大量有价值的数据。

　　而我国由于自行监测起步晚、基础弱，缺少对自行监测数据的收集和应用。为充分发挥自行监测数据的作用，同时基于监测数据对排污单位自行监测行为进行监管，应参照美国的做法，建立全国性的污染源监测数据信息平台，将企业自行监测数据和监督性监测数据进行统一收集和储存，主要出于如下考虑：①目前国家将污染源监测事权下放，通过国家统一收集监测数据，可以作为监督地方政府和排污企业开展自行监测和监督性监测的重要手段；②为国家排放标准制修订及其评估、污染源产排污系数制修订等研究工作提供基础数据；③可以作为生态环境部履行《环境保护法》五十四条要求，统一发布污染源监测信息的技术支撑，为社会公众提供便利的获取信息的渠道，更好地发挥公众监督的作用。

1.1.5　排污单位自行监测监督检查是提升自行监测质量、为管理提供支撑的重要保障

　　排污单位高质量开展自行监测，是自行监测发挥作用的基础。测而不管，自行监测会流于形式，公众监督必不可少，但政府监督不可缺位。政府部门应加强对排污单位自行监测的监督和检查，从而整体上提升自行监测数据的质量。保证自行监测质量，就必须加强对自行监测活动的监管，检查排污单位的监测方案是否符合管理要求，监测活动是否严格按照监测技术规范和技术方法执行，监测过程是否有严格的质量控制。只有对自行监测全过程加强监管，确保监测数据的有效性，才能保证其能够应用于各项管理活动。

　　我国排污单位自行监测尚处于起步阶段，监督检查技术研究严重不足，尽管相关规定要求排污单位需将自行监测方案报送生态环境主管部门备案，将监测结果在生态环境部门指定的网站上公布，但生态环境部门尚未

对其监测过程及监测结果开展监督检查，排污单位监测数据质量尚处于未监管的状态。自行监测数据用于环境管理的基础仍然有待加强。目前，针对排污单位自行监测监督检查的管理规定和技术文件几乎为空白。通过检查哪些关键内容才可以对企业自行监测数据质量进行有效的控制，如何开展相关检查，这些都有待进一步研究和明确。自行监测数据用于环境管理的基础仍然有待加强。

1.2　研究内容与主要成果

1.2.1　研究内容

立足国家污染源监测监管需求，围绕排污单位自行监测实施过程中的关键技术，并按照自行监测的推进进程开展逐步深入的研究，各阶段拟解决的问题和主要研究内容见图 1-2。

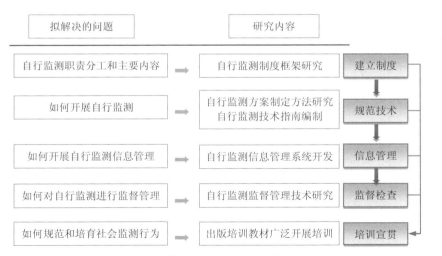

图 1-2　拟解决的问题及主要研究内容

首先，针对排污单位自行监测制度的空白，通过自行监测制度框架研究，建立制度。

其次，在制度建立之后，针对自行监测开展面临的关键及难题，开展自行监测方案制定方法研究，编制自行监测技术指南，规范自行监测技术。

第三，在制度和技术基础上，为了发挥自行监测数据在管理中的作用，同时实现通过信息进行监管的目的，开发自行监测信息管理系统，实现信息管理。

第四，为提升自行监测质量，应加强自行监测的监督管理，为此开展自行监测监督检查技术研究，为开展自行监测监督检查提供支撑。

同时，为了让排污单位、各级管理部门、社会公众充分了解自行监测制度、技术、信息系统等相关内容，规范监测、监管行为，培育社会监测和监督能力，开展广泛的培训，并将培训内容以培训教材的方式进行规范。

1.2.2 技术路线

针对以上研究内容和拟解决的关键问题，本书技术路线见图1-3。在国内需求分析和国外经验借鉴的基础上，开展各项研究。

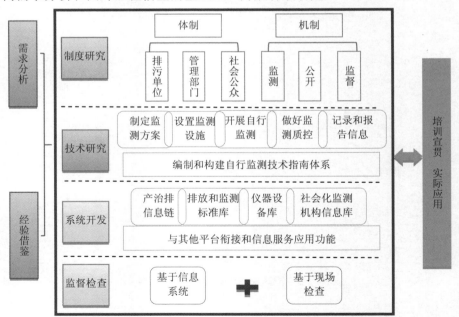

图 1-3 技术路线

对于制度研究，从体制、机制入手，分别对排污单位、管理部门、社会公众等责任主体在开展监测、信息公开、监督管理等环节的职责分工和运行机制进行研究。

自行监测技术研究方面，从监测方案制定、监测设施设置、自行监测开展、质量控制措施、信息记录与报告等环节入手，在方法研究的基础上，构建排污单位自行监测技术指南体系，编制自行监测技术指南以指导排污单位开展自行监测。

系统开发方面，从监测数据全过程质量控制入手，全面设计自行监测数据相关信息链和配套数据库，为自行监测数据检验、自行监测数据质量管理、自行监测数据应用提供智能化手段。

在监督检查技术研究方面，分别立足监测业务系统和现场监督检查进行监督检查技术要点设计。

考虑到自行监测涉及对象量大面广，为了提高制度和技术规范实施，所有技术研究成果，都将进行广泛宣贯培训，并进行应用验证，根据在此过程中收集到的问题进行提升完善。

1.2.3　主要成果

我国污染源监测与环境保护同步发展，建立了一套污染源监测相关技术标准规范。但长期以来，尤其是"十一五"以来，污染源监测以政府部门实施的监督性监测为主，我国发布的环境监测标准规范主要立足于对监督性监测活动的规范，无法有效指导排污单位实施自行监测。2014 年修订的《环境保护法》明确了排污单位自行监测责任，2016 年排污许可制度将自行监测作为重要组成部分，亟须研究制定排污单位自行监测技术文件，规范和指导排污单位自行监测行为，为环境管理提供基础支撑。本书立足环境管理现实需求，围绕排污单位自行监测全过程服务与监管，从自行监测制度体系框架研究、自行监测方案制定方法研究、自行监测技术指南编制、自行监测信息平台开发、自行监测监督检查技术研究等五个方面开展技术攻关，填补了环境监测网络中自行监测的空白，完善了污染源监测网络，使监测体系更加科学、系统、合理，提升了服务环境管理的能力。本书大部分研究成果已应用于目前的生态环境管理工作中，且应用状况良好。

1.2.3.1 排污单位自行监测制度框架研究

在总结污染源监测现状与问题、借鉴国内外相关经验基础上，提出排污单位自行监测的监测内容、监测方案制定、监测方式、监测质量控制、监测信息公开、监测监督管理等内容，首次构建了排污单位自行监测制度框架，为排污单位自行监测推进和发展奠定了基础。

1.2.3.2 自行监测方案制定技术方法研究

我国缺少针对排污单位自行监测方案制定的系统性研究，从可查询到的相关文献和管理制度中看出，存在排放因子单因素、排放源单因素考虑的两种监测方案制定技术。针对原有技术存在的不足，提出"排放源分级分类"叠加"污染物分级分类"的监测方案制定方法，通过两个因素的叠加考虑，有效弥补了单因素技术方法对非显著对象的"误伤"，提升了监测方案制定技术的科学性。同时，在污染物末端排放监测的基础上，还探索性地提出污染排放对周边环境质量影响的监测，以及立足监测数据校核与质控的工况监控技术。

1.2.3.3 自行监测技术指南体系构建与指南编制

在自行监测方案制定技术方法研究的基础上，提出了以《排污单位自行监测技术指南 总则》（以下简称《总则》）为统领，以及 N 个重点行业自行监测技术指南的"1+N"自行监测技术指南体系。《总则》提出统一的原则和方法，并对无行业特征的共性内容进行规定，行业自行监测技术指南以《总则》为指导，根据行业特点进行细化，提出适用于特定行业的监测方案和工况信息记录内容。截至 2019 年年底，已发布实施 18 项指南，所涉行业涵盖 15 万余家企业，涵盖全国 60%以上主要污染物排放量和 50%以上工业废水污染物排放量，正在编制 25 项指南。

1.2.3.4　自行监测数据管理平台开发

为实现自行监测数据的联网收集、管理、共享，开发了自行监测数据管理平台，从监测数据全过程质量控制入手，进行了污染源产、治、排全过程信息链设计，建立了排放标准和监测方法标准库、仪器设备库、社会化监测机构信息库等，同时立足服务管理，开发了排放量核算、监测数据多源校核、异常状况自动报警等应用功能。该平台实现了与排污许可管理平台、环境税征收平台等业务系统的衔接和数据交换。该平台可实现数据统计分析，并根据结果对排污单位自行监测进行监管。目前该平台已经实现 2 万余家排污单位自行监测联网。

1.2.3.5　自行监测监督检查技术研究

为支撑自行监测监督管理，研究提出了排污单位自行监测监督检查技术，包括基于数据的监督检查和基于现场的监督检查两种方式，并提出两种监督检查技术要点及实施程序。初步提出适用于当前阶段的自行监测监督检查技术要点和赋分标准，在江苏、陕西等地进行试点应用。

第 2 章

国外自行监测实施情况

　　我国排污单位自行监测起步较晚，开展自行监测制度与技术研究，需要借鉴国外经验。美国以排污许可制度作为污染源监管的统领性制度，将排污单位自行监测要求、自行监测监督检查技术要求等与排污许可制度实施密切结合，取得了良好的成效。英国作为欧盟国家的代表，也建立污染源监测管理和技术体系。本章介绍了美国、英国等发达国家自行监测实施和监督检查等情况，为完善我国自行监测制度和技术发展提供借鉴。

2.1　美国污染源监测情况

　　美国污染源监测是作为排污许可制度的一部分实施的，废水点源实行的是"国家消除污染排放制度"（National Pollutant Discharge Elimination System，NPDES）许可，废气固定源在生产运行阶段实行的是运行许可证（Operating Permits），监测、记录与报告是许可中的重要组成部分。

2.1.1　自行监测要求

2.1.1.1　废水排放自行监测要求

　　持证单位实施的自行监测目的包括：确定持证单位是否符合 NPDES 排污许可限值的要求；为执法提供依据；评估废水处理效率；表征排污特性；表征受纳水体的特性。

　　监测内容包括污水处理厂和工业源的常规性监测，也包括一些特殊的监测，如对于污水处理厂和工业废水污染源等传统污染源以外的在 NPDES 管辖范围内的污染源，包括暴雨径流、合流制溢流污水、下水道溢流污水、污泥等，许可证编写者必须在设定监测要求时加以考虑。另外，很多许可证要求持证单位做污水综合毒性（WET）测试，这也必须在监测要求中加以考虑。本书仅对常规性监测内容进行介绍。

　　许可证常规性监测方案包括采样位置、采用方法、监测频次、分析方法等内容。在制定具体的监测要求时，必须考虑可能会影响监测结果的相关因素，包括国家排放限值导则的适用性、排放和处理过程的不确定性、到达采样位置的情况、排放的污染物、排放限值、排放频率、对受纳水体的影响、所排放污染物的特征、持证者的守法历史记录等。

（1）监测内容

开展监测的内容包括进水监测、出水监测、源水监测、内部监测、环境监测（受纳水体）、其他监测（如污泥等）等方面，但并非所有持证单位都需要开展各方面的监测，每个持证单位具体应该监测的内容，根据排污许可证中排放限值及其他规定具体确定。

所有持证单位必须监测所有许可证中规定了排放限值的污染物（情况说明书中特别注明豁免监测的内容除外），包括污染物总量（或其他合适的计量单位）、废水排放量以及其他合适的指标。

（2）监测点位

监测点位应根据评价持证单位是否依证排污的需要进行设置，包括三种类型：进水口监测点、内部监测点、最终排放监测点。例如，对有污染物去除率要求的市政污水处理厂等持证单位，必须要求监测进水情况；不同类型废水混合排放的，应在废水混合前设置内部监测点位。

一旦监测点位确定后，需要在排污许可证中对所有监测点位使用地图明确标示或进行详细的描述。

（3）监测频次

许可证编写者应该建立能够表示出水水质特征和探测违法行为的监测频率，并考虑到数据的需求，且酌情考虑持证单位的潜在成本。监测频率应该确立在个例分析的基础上，确定监测频率的决策应该被写入情况说明书。美国有些州有推荐的采样指南，可以用来帮助许可证编写者确定合适的采样频次，能够尽可能地排查出违法排污情况又可以避免不必要的重复监测。

许可证编写者可以建立一个分层监测（Tiered monitoring）要求，即在一个有效周期内，减少或增加监测频率。当初期的采样数据显示达标排放，则可对排放者逐渐降低监测频次。若在初期的污染物采样监测中发现了问题，则需要增加监测频次。这种监测方法能够在充分保护水质的前提下降低持证单位的监测成本。

1996 年，美国颁布了《减少 NPDES 许可证监测频次的暂行办法》，企业可通过满足达标监测、持续低于排放限值来证明符合减少监测频次的要求。降低多少监测频次因指标而异，主要考虑现有的监测频次和该指标达标率情况。当许可证更新时，可将降低监测频次纳入许可证。为了能持续享有这种要求降低的待遇，持证单位必须保持较高的绩效水平和良好的守法记录。

专栏一　监测频次设计时的主要考虑因素

①处理设施的设计容量——在处理能力接近设计容量时，监测频次就需要增加。

②使用的处理方法——类似的处理工艺监测频次应该类似。如果处理方法合适且能够稳定、高效地去除污染物，则监测频次低于没有处理设施或处理设施不足的工业企业。

③历史守法资料——可根据设施的达标排放历史调整监测频次，无法达标排放的设施通常需要增加监测频次。

④监测成本应与排污者自身能力相一致——许可证编写者不应有过度的监测要求，除非有必要获得关于排放的充足的信息。

⑤排放位置——如果废水排向敏感水体或者接近公共供水的地方，则应该增加监测频次。

⑥污染物性质——对于高毒废水或污染物变化较大的废水应增加监测频次。

⑦排放频率——非持续排污设施的监测频次，不同于持续排放高浓度废水或含有不常检出的低浓度污染物的监测频次。

⑧确定出水限值时每月采样数量——确定监测频次时，应该考虑建立基于水质的排放限值时每月采样数量，以保证与确定排放限值时相当的超标概率。

⑨分级限值——当许可证中包含多级限值时，就应该考虑到对应不同的许可限值而设定不同的监测频次。

⑩其他考虑因素——为了确保监测结果的代表性，可以要求在某些方面有关联的参数在同一天、同一周或同一个月内开展监测。

（4）采样方法

许可证编写者要在许可证中明确所有要求监测的参数的样品收集方法。采样方法要基于每一个具体排放污水的特征来确定。基本的采样方法有瞬时采样、混合采样、连续采样三种。

（5）分析方法

许可证中必须对监测所用到的分析方法做出规定，标准的分析方法在美国联邦法规中有明确规定。

在建立排放限值时，可能排放限值低于获得批准的分析方法的检出限（Method Detection Limit，MDL）或最低检出水平（Minimum Level，ML），无论现有的方法是否能够满足测定排放限值的要求，排放限值都必须在许可证中进行规定。

某些情况下，存在两个或多个可以监测相应参数的获得批准的分析方法，这种情况下，许可证中需要明确是否需要选定一个方法作为唯一可使用的分析方法。当利用某种方法建立了排放限值，而该排放限值低于其他批准的方法的最低检出水平时，尤其有必要明确选定该种分析方法。

（6）达标判定

低于检出限或低于最低检出水平都认为监测浓度为0。当监测值同时高于分析方法的最低检出水平和排放限值时，则判定该项指标未达到排放要求。只有所有条件同时满足才能被判定为达到了排放要求。

（7）监测报告

持证单位至少每年向许可证管理机构报告一次监测情况，报告频次可以更加频繁。

报告内容：许可证中要求的数据和持证者收集的与许可证要求相符的

其他数据，包括污水排放和污泥使用与处理情况的相关数据，有预处理项目的市政污水处理厂还应递交预处理报告。

报告方式：必须使用排放监测报告（DMR）报表上报自行监测数据。

报告频次：每年至少报告一次，还可以根据需要增加比年度报告更加频繁的报告频次。一般根据不同指标的监测频次，按月、季、半年、年的频次进行报告。监测频次高于一个月一次的数据，每个月汇总上报一次；监测频次介于月和季度的，每个季度汇总上报一次；监测频次介于季度和半年的，每半年汇总上报一次；监测频次介于半年和年的，每年汇总上报一次。

信息公开：按照《清洁水法》的规定，除许可证中注明具有商业机密权限之外的任何许可证信息，监测数据记录和报告都必须对任何个人和团体无条件公开，保障公众的环境知情权。

（8）记录与保存

持证者必须保留监测资料至少 3 年，而且这个保存期限可以应管理人员的要求而延长。市政污泥的监测记录是一个例外，必须至少保存 5 年，若有特殊要求的话，则还可以保存更长时间。许可证编写者应指定记录存放的地点。

2.1.1.2　废气排放监测要求

《清洁空气法》第 114 条规定："受控排污企业必须对本企业内所有污染源的排污行为及受影响区域内的环境空气质量进行监测。"美国国家环境保护局对污染源监测设备的选择、安装、维修、审核以及监测方法的选择、评估等均做了明确规定。具体见表 2-1。

（1）监测方式

监测的方式包括连续自动监测与手工监测两种。对于运行许可证制度受控污染源，除受控酸雨污染源和某些特别规定的污染源必须安装连续监测系统外，其他污染源可选择安装或只进行定期监测，但污染源所采用的定期监测方法和监测方案须能提供科学可靠的数据以判断污染源是否达标排放。

表 2-1　美国废气排放监测、记录和报告相关法律规定

法规条款	具体规定
40 CFR Part 70.6 监测、记录和报告	监测方法，监测设备及其安装、使用和维护，测试方法； 记录采样时间、地点、当时设施运行状况，分析监测数据的时间、公司、方法、结果，所有信息保留至少 5 年备查； 持证人需每 6 个月向管理部门提交监测记录报告，出现异常情况需及时报告
40 CFR Part 64 守法保证监测制度	要求每个"主要污染源"制定守法保证监测计划； 包含每一个特定产排污单元的监测记录和报告要求； 对监测结果的偏移进行纠正的方法； 将监测数据应用于每年的达标证明中
40 CFR Part 60 新源绩效标准	初始安装后初始认证检测要求； 质量保证和质量控制要求； 缺失数据补充要求
40 CFR Part 75 连续排放监测	

（2）监测内容及监测系统的一般构成

污染源监测的首要内容是污染物排放结果，其次是排污设备包括污染治理设备、生产设备在内的运行状况。同时，为控制监测结果质量，还应设置相应的测试、纠错系统，对异常数据或数据偏移情况进行纠正，保证监测结果的正确性和有效性。通常情况下，污染源监测系统包含以下一个或多个数据收集子系统：

A　连续排放监测系统或不透明度监测系统；

B　工艺参数连续监测系统（包括排放预测监测系统）；

C　排放量评估计算系统（如物料平衡计算系统、化学当量计算系统）；

D　燃料、原材料用量分析系统；

E　操作、维修程序记录系统；

F　排污量、工艺过程参数、采样系统参数或控制设备参数测试检验系统；

G　排污观测可视化系统；

H　其他与排污行为达标判断相关的参数测量、记录或检验系统。

（3）监测方案设计

相关法规中规定了运行许可证监测方案设计的基本要求，见表 2-2。在实际操作中，排污企业须基于上述标准，根据不同污染源（case-by-case）、不同排污单元（unit-by-unit）和不同污染物（pollutant-by-pollutant）的具体情况设计合理的监测方案。

表 2-2　监测方案设计要求

序号		监测方案设计要求
1	综合标准——污染源所有者或运营者需确定排放控制设备参数	排放控制设备参数应能反映具体污染物排放单位控制设备的运行状况，包括实际排污量、预测排污量及其他与排放控制有关的工艺参数
		污染源所有者或运营者需要根据技术指南参考值或者自行根据相应准则确定排放控制设备参数的合理范围及对应的运行条件
		排放控制设备参数合理范围是指所有正常工况下设备运行时该参数的最大值/最小值范围，该参数范围能表征工艺过程的正常变化情况
		污染源所有者或运营者需建立各参数间对应的数值关系
2	执行标准	污染源所有者或运营者需对监测所获数据的代表性进行详细说明
		在安装或改装监测设备时，污染源所有者或运营者应遵守监测设备生产厂家的安装、校准及开关机使用要求，保证设备正常运行
		污染源所有者或运营者应根据监测设备生产厂家的安装使用要求进行质量控制
		详细说明监测频率和数据收集的步骤，尤其在发生数据偏离或数据超标，需对离散数据进行平均计算时，需详细说明原因及计算过程
3	评价因素	为达到上述监测方案的设计要求，污染源所有者或运营者需考虑监测位点特异因素，包括现有监测设备和过程的适用性、对程序进行监测的监测设备性能及控制设备运行的变异性、控制技术的可靠性和宽容度、实际排污量与达标限值的相关程度等

序号	监测方案设计要求	
4	排放连续监测系统、不透明度连续监测系统和排放预测监测系统的特殊标准	《清洁空气法》、州或地方法律要求采用排放连续监测系统（Continuous Emission Monitoring system，CEMS）、不透明度连续监测系统（Continuous Opacity Monitoring System，COMS）或排放预测监测系统（Predictive Emission Monitoring System，PEMS）的受控污染源，必须按照要求采用这些监测系统
		采用这些监测系统的污染源所有者或运营者所设计的监测方案必须满足综合标准的要求
		采用这些监测系统的污染源所有者或运营者需制定超标报告方案，否则将采用"执行标准"中关于偏离数据或超标数据的规定
		采用不透明度连续监测系统时，为确保颗粒物达标，污染源的所有者或运营者需按照"综合标准"的规定确定排放控制设备参数及其合理范围

（4）记录要求

记录的目的是为判断污染源的守法行为提供数据依据。CFR 40 Part 64《守法保证监测制度》中定义"数据"是指"所有监测手段或方法的过程及结果，包括仪器监测和非仪器监测的结果、排放计算结果、人工采样步骤、数据记录步骤，及其他形式的信息收集步骤"。其中，监测信息具体包括：①采样或测试的时间、地点；②采样或测试过程的操作条件及原始数据；③数据分析的时间；④分析数据的公司或单位；⑤数据分析的技术或方法；⑥数据分析结果。此外，受控污染源主要设备的开停机、校准、维修、维护的时间、次数、原因，监测设备（尤其是连续监测设备）的运行状况以及所有设备发生异常或未按许可证要求运行的异常情况等信息都必须记录在案。以上所有监测数据及相关信息必须保留至少五年，以备定期报告或审查所用。

（5）报告要求

按照 CFR 40 Part 70《州运行许可证制度条例》规定，监测记录报告（Report of Required Monitoring Information）和污染源守法证明报告（Compliance Certification）须至少每 6 个月提交一次。在每一份审批通过的许可证文本中，都会对报告提交的时间、内容进行规定。通常，监测记录报告除包括常规监测信息外，如有发生违反许可证要求的事故，还应详细说明事故发生情况及原因。

污染源守法证明报告包括 3 个部分：①许可证规定的排放标准要求及操作规范要求；②为达到许可证要求，污染源所有者或运营者采用确保达标的监测方法或测试方法；③各项要求的守法情况证明。所有报告提交时必须有公司负责人的签字，确认报告内容的真实性、准确性和完整性。

当发生违反许可证要求的事故时，持证人须及时报告事故情况，并说明事故发生原因及采取的纠正措施或预防措施。事故报告的"及时性"由许可证管理部门根据事故类型、事故可能发生的概率及许可证相关要求进行评定。

2.1.2　自行监测监督检查技术

2.1.2.1　废水自行监测监督检查

达标监测是一个泛指名词，它包括联邦或州管理机构所进行的旨在查明持证单位对许可证执行情况的所有活动。所收集的监测数据是用于评估达标情况和支撑执法行为的一部分。达标监测的步骤包括接收数据、审查数据、将数据输入数据库（ICIS-NPDES）、现场检查、识别违规者、做出适当的回应。

达标监测的主要功能是对许可证的达标情况进行证实，包括排放限值和执行进程。达标监测由监督审查和现场调查两部分组成。

（1）监督审查

对所有书面报告和其他与持证单位的执行情况有关的材料进行审查。信息来源主要有许可证/监督文档、ICIS-NPDES 数据库两个方面。

许可证/监督文档。包括许可证、申请材料、情况说明书、实施进展报告、实施检查报告、监测报告（DMRs）、强制执法行动和其他的通讯往来文件（如电话记录、警告信副本等）。工作人员定期审核这些信息，并决定采取执法行动的必要性和合适的执法行为等级。

ICIS-NPDES 数据库①。美国国家环境保护局要求将所有的 NPDES 排污许可证的相关数据都输入 ICIS-NPDES 系统并保持更新，以便可以对其情况进行审核和追踪。该数据库中的内容包括：排污设施及废水的排放特征、自行监测数据、达标限期、许可条件、检查相关内容、强制执法行为等。排放监测数据和达标状况信息由持证单位通过达标进展报告（Compliance Schedule Reports）和排放监测报告（DMRs）提供，再由许可证管理机构录入系统；检查和强制执法信息由许可证管理机构录入。美国国家环境保护局通过检查该系统，形成季度违规报告。

（2）现场调查

现场调查是指在现场进行的、可用于判定许可证执行情况的活动。现场检查可以参照《NPDES 达标检查手册》（*NPDES Compliance Inspection Manual*）来开展。

监督检查可以根据企业具体情况选择不同的检查内容和方式。开展监督检查之前，检查人员应该首先确认选用哪种检查方式，不同检查方式所收集的信息是不同的。同样的内容，可能在不同类型的检查中都涉及。

专栏二　现场检查的主要内容与形式

①达标评估检查（CEI）——不进行采样，只记录文件的审查，目测评估处理设施运行、实验室、污水和受纳水体的状况。

②采样检查（CSI）——采取有代表性的样品，进行化学和细菌分析，确定污染物的数量和质量。

③绩效审计核查（PAI）——与达标评估检查（CEI）不同，PAI 提供了一个更加资源密集式的方式审核自行监测方案，并从许可证持有者的采样程

---

① 作为 NPDES 的数据基础，用来搜集整理和设备（机构）相关的许可要求、自行监测数据、执行的检查和采取的行动。

序、流量测量、实验室分析、数据的整理和报告等方面对其自行监测进行评估。

④执行生物监测的审查（CBI）——当怀疑设施排放了有毒的污染物或已经对受纳水体造成了毒性污染时，需要审查许可证持有者的毒性测定技术以及相关记录，评估其是否遵守了 NPDES 中的生物监控条款并通过采样来测定排放是否具有毒性。

⑤有毒物质的采样检查（XSI）——与 CSI 的目标相同，但它针对许可证制度中的有毒物质，包括重金属、酚和氰化物以外的优先控制污染物。

⑥诊断性的检查（DI）——这种方法主要适用于没有遵守许可证要求的市政污水处理厂，目的在于通过检查帮助其分析原因并提供改进建议，以帮助其尽快达标。

⑦侦查性的检查（RI）——对许可证持有者的处理设施、排放和受纳水体等做一个简短的目测审查。目的在于可以尽量地扩大检查范围但又不至于增加监督的成本。这种类型的检查是 NPDES 中最小资源耗费的检查方式，但其极大地依赖于检查者的经验和判断。

⑧遵守预处理要求的检查（PCI）——评估市政污水处理厂对预处理计划的执行情况，往往作为对向公共处理设施排放污染物的工业企业进行检查的补充。

2.1.2.2　废气自行监测监督检查

由于运行许可证制度建立了较为完善的监测、记录和报告机制，为政府核查提供了科学可靠的依据。州和地方政府是执行运行许可证制度的主体，在州运行许可证制度通过美国国家环境保护局的审批后，美国国家环境保护局即授权州或地方环保局执行运行许可证制度。因此，对持证排污企业是否遵守许可证条款的核查通常由授权执行许可证制度的州或地方环保局负责，在某些情况下，也可由州或地方政府授权的代表（人）负责。

CFR 40 Part 70《州运行许可证制度条例》规定，污染源所有者或运营者须允许"运行许可证授权管理人员进入污染源所在厂区或发生污染物排放的地区进行视察"；"运行许可证授权管理人员有权在任何合理时间取得或复制所有许可证条款规定记录的信息"；同时，"运行许可证授权管理人员有权在任何合理时间视察任一许可证条款要求下的设施、设备（包括监测设备和空气污染控制设备）及其他实践活动或操作"；此外，"为证明污染源是否满足许可证条款，运行许可证授权管理人员有权在任何合理时间对污染物或相关运行参数进行采样测试或监测"。从执法的角度，尽管核查频率对排污企业守法性提高有积极作用，但考虑到管理成本，主管部门不可能也不会频繁地对污染源进行现场核查。守法核查通常是定期进行，但并不会事先告知受控污染源，当空气质量管理区收到公众投诉时，也会对被投诉的受控污染源进行额外的守法核查。守法核查的频率根据污染源性质的不同有所区别，如新建污染源或主要污染源，守法核查频率一般至少每两年一次。守法核查包括：与排污相关的报告和记录评估；污染控制设施和工艺流程状态评估；可见污染物观察；设施记录和操作日志核查；过程参数评估，如进料率，原（燃）料消耗情况等；控制设施绩效参数评估。如上述方式不足以核定排放是否合规，则需要启动现场调查，进行烟囱测试。对于特定设施集群区域，必要时可对周界环境空气进行监测，用以筛查不合规的固定源。

以南海岸空气质量管理区为例，该区合规处负责对许可证受控污染源进行守法核查。按照守法核查的实施阶段可分为预审查、现场核查和核查结束会议三个阶段。

（1）预审查阶段（Pre-Inspection Activities）

在预审查阶段，督察员通常会对受控污染源所提交的监测报告、守法证明等文件材料进行审查，以掌握该污染源的受控排污设施、工艺、污染排放及其合法历史信息，并对该污染源所须遵守的法律法规，尤其是许可条件进行识别，确定核查事项。

（2）现场核查阶段（Inspection）

在现场核查阶段，督察员在进入排污企业时会首先出示身份证明，并告知企业相关负责人此次核查的目的、内容及核查流程，同时回答企业相关负责人关于现场核查的提问。

督察员的正式核查由企业相关负责人陪同进行。首先，督察员会检查经认可的许可证副本是否放置在受控设施附近的显著位置，同时向企业相关负责人详细了解设备的运行维护状况，记录核查的实际过程和观察结果，对企业相关负责人反映的异常情况等进行现场录音。在核查过程中，督察员还会要求企业提供生产运行记录的副本，或者进行现场采样以获取充分的排污企业守法行为判定证据。

（3）核查结束会议阶段（Closing Conference）

核查结束时，督察员会将本次核查的结果与企业相关负责人在结束会议上进行讨论。首先，督察员对本次核查进行回顾，识别并补充守法判定所需信息；然后，在审阅该受控污染源的守法要求的基础上给出核查结果，存在违法问题时会与企业相关负责人进行讨论，合适的情况下，督察员会在结束会议上直接公布守法核查结果。此外，在结束会议上，督察员会根据本次核查所发现的违法情况或企业存在的问题为排污企业提出合理建议。随后，督察员会向本次核查的排污企业及公众公开书面核查报告，发出核查决定。对于存在违法行为的排污企业，空气质量管理区会向其公开发出行政处罚令，分为守法令（Notice to Comply，NC）和违法处罚令（Notice of Violation，NOV）两种。其中，守法令适用于违法情节较轻的情形，主要针对不存在严重违法排放情况，但许可证管理或记录报告方面存在问题的情况，如未在受控设施附近放置许可证或数据记录不完整等。当受控污染源收到守法令时，必须在两周内对其违法行为进行改正，问题得到及时解决的，空气质量管理区将不予追究，问题未得到及时解决的，空气质量管理区会向其发布违法处罚令。违法处罚令一般用于经确认存在违反空气质量管理区管理条例、许可条件或州空气污染法规的情形，收到违法处罚令的受控污染源必须对其违法行为加以纠正，同时缴纳罚款或罚金。

地方空气管理局在合规监测与评估完成后，需要编写并公开合规监测评估报告，包括：一般信息，如守法监测类型；设施信息；遵守的要求；受控排污单元清单和工艺流程描述；历史合规信息；合规监测行动，如对排放单元和工艺评估，现场调查信息，固定源对现场调查的回应；合规监测和评估期间的观察和记录信息。

根据《清洁空气法》的规定，美国国家环境保护局代表有权在出示信任状后，进入固定源对任何设备、记录等进行现场执法检查。美国国家环境保护局认为，现场核查最好由接受过培训、不存在利益冲突的第三方组织人员执行。现场核查使用的校准设备或气体，应当通过国家标准组织的认证。执行现场排放检查或者质量保证检查的机构，应通过美国国家环境保护局指定的资质认证。在实施现场执法检查时，美国国家环境保护局现场检查人员会携带专业设备，进行质量保证现场检查，包括稽核前审查监测计划、历史数据等，现场检查监测设备和维护记录，对监测系统进行绩效检验，与固定源工作人员面谈，以此确保监测数据的质量。检查过程中需要固定源负责人员陪同协助，记录检查和监测情况，建立检查档案。排污许可证变更时可以参考检查记录，对固定源年度报告核证时，也可以参考监督与检查报告。

2.2 英国污染源监测情况

《环境许可证（英格兰和威尔士）条例》对英国的水和气排污许可制度做出了明确规定，污染源监测主要依据这些规定展开。本部分内容以废水为例，介绍英国对企业自行监测的管理要求。

排放污染物的企业开展排污监测必须从英国环境署获得授权，授权多为排污许可证的形式。环境署监测认证（Environment Agency's Monitoring Certification Scheme，MCERTS）为企业提供了一个框架以满足英国环境署对排污监测的质量要求。

MCERTS 是按照欧洲和国际标准提供的监测产品/仪器认证、监测人员资格/能力认证、实验室认证以及现场检查服务等相关认证标准，其中包含了适用于废水排放监测的认证内容[①]。

为确保企业运营者按可接受的标准，正确实施自行监测，英国环境署鼓励运营者使用并切实执行一套管理体系。运营者开展自行监测将得到一系列工具的支持，这些工具可以让监管方和被监管方都能信赖监测数据的准确性和可靠性，见图 2-1。

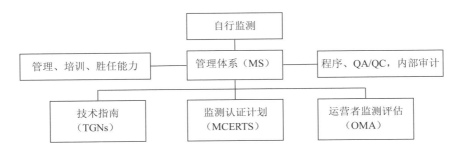

图 2-1　英国排污单位自行监测体系

排放监测方式包括周期性监测[②]和连续监测两类。

负责自行监测的运营者，必须保证其使用的管理体系涵盖自行监测的各个方面，包括自行监测的管理、采样方案设计、采样程序、分析与报告程序、人员培训、采样与分析操作的审核和审计程序、不合规的解决措施等。

2.2.1　自行监测的管理

企业应在自己的质量手册中清楚地规定出质量政策。质量手册应由一名高级执行官员签署。同时，必须对自行监测的质量管理政策确定一名或多名总体负责人（通常称为质量经理），制定责任明确的组织结构图。

力保自行监测的独立性。为维护合规性监测的独立性，在切实可行的

---

① 这些内容包括：从事水体采样和水体化学检测机构的资质要求中涉及的未处理污水、已处理污水及工业废水的采样及化学检测；连续监测设备的性能标准及检测程序；移动式监测设备性能标准及检测程序；自行监测废水流量的最低要求，对于无法满足要求者，需要有独立 MCERTS 检查员对废水流量自行监测活动进行检查。

② 周期性监测指采集离散（不连续）水样，然后将水样品交实验室分析，水样可以是瞬时水样，也可以在同一采样点以某一时段为周期（如 24 小时）间歇性采集的混合水样。

情况下，从组织架构层面上将工厂运营/生产过程与采样计划和样品收集相互分离开来。这样有助于提高自行监测的独立性，使之摆脱不应有的商业压力和影响。质量手册可以为实施这种独立性提供依据。

必须设置清楚的文件控制系统，所有文件及文件修改必须建立授权机制。质量手册中必须包含一套用于调查自行监测过程中的相关投诉和异常现象的程序。

2.2.2　采样方案设计

自行监测的采样时间和采样频次都有明确规定。运营者应按照环境许可证中规定的频次于评估期到来前制定采样计划。采样计划通常为年度性计划（以一个日历年为基础),但该种计划并不适用于分批生产或季节性运营工厂。最佳实践方法包括要为采样事故（如自动采样器发生故障）做出临时应急安排。运营者可能需要就采样计划，事先同环境署协商一致。如未切实遵守已协商一致的采样计划，环境署可能会对之采取强制措施。但在某些情况下，例如，不良天气条件或出于工厂运营事务等原因，环境署也会同意运营者重新计划采样时间。若发生任何未能按计划采样的情况，则运营者需要在预定采样时间后的 24 小时内通知环境署。采样频次视采样原因及待监测程序的性质不同而有所不同。

2.2.3　人员培训

企业的运营者必须证明所有参与自行监测工作的人员具有履行所负职责的能力。应对相关人员进行必要的技能培训，还要将每名人员的详细培训记录作为质量体系的一部分保存。

2.2.4　内部审计和审核

运营者需对其使用的管理体系实施一系列审计。审计应涵盖监测过程的方方面面，从而证明各项有记录的程序已得到切实遵守。至少每年进行一次管理体系的管理评估。管理评估范围包括内部审计结果、外部机构的评估以及不合规项的纠正措施落实情况。要开展实验室间能力水平验证的性能评估及内部分析质量控制（AQC）。

2.2.5　运营者监测评估（OMA）——英国环境署对运营者实施审计

英国环境署会使用 OMA 计划对运营者的自行监测活动绩效做全面评估，评估内容包括：人员的管理、培训和上岗能力，监测方法的适用性，监测设备的维护和校准，监测质量控制等。

2.3　国际经验总结

2.3.1　自行监测是污染源监测的主体形式，自行监测的管理备受重视

尽管监督和核查是许可证管理机构对持证单位进行的，但是并不意味着所有的证据都由许可证管理机构来采集。从美国、英国排污许可证中的监测报告制度来看，持证单位是提供数据的主体，持证单位通过开展监测，提交监测数据，向许可证管理机构证明自己的排污状况，从而避免得到过重的处罚。因此，自行监测在排污许可证制度中举足轻重，自行监测的管理及其数据质量控制备受重视。

一是重视自行监测方案的设计。NPDES 许可证编写者将指南中监测方案作为独立的章节，详细说明如何开展监测方案设计；美国相关法规中对废气运行许可证监测方案设计提出了很多细致而具体的要求；英国在不同污染源监测技术指南（TGNs）中对监测方案中的内容做了具体的指导性的规定。可见，监测方案的设计是许可证制度实施中的重要内容，各国普遍重视监测方案的设计。

二是重视自行监测数据的收集。通过专门的数据库（如 ICIS-NPDES）收集自行监测数据，将其作为许可证监督检查的依据，同时，这些数据也是开展类似的污染源管理的参考，是制定国家排放限值等文件的重要依据。

三是重视自行监测数据的质量控制。在美国，一方面通过相关法律对监测过程的质量控制做出了非常详尽的要求（如 CFR64、CFR75）；另一方面，通过对自行监测数据的审核和评估来进行数据质量控制。在英国，通过建立监测计量认证制度，并要求企业制定自行监测质量管理手册，要求企业开展内部检查和审核，对运营者进行监测评估等手段全面进行自行监测数据的质量控制。

四是重视自行监测相关的培训。美国排污许可证中的监测方案主要是由许可证编写者设计的，美国国家环境保护局通过对许可证编写者的培训使其掌握如何设计企业自行监测方案。英国要求所有开展自行监测人员参加过相应的技能培训，证明其有能力开展监测活动。

2.3.2　污染源监测方案的制定与许可的内容密不可分

监测的主要目的是判定持证单位是否按证排污，那么监测方案的制定必须围绕着许可证中许可的内容来开展。排放限值是许可证中的核心内容，对于数字型的排放限值，尤其需要通过监测判定是否达标。

监测指标要必须涵盖许可证中规定限值的所有污染物。每个许可证中规定排放限值的污染物种类是由持证单位的行业类别、预期会排放的污染物以及排污许可证编写者的判断来综合确定的。只要确定了应该设定排放限值的污染物种类，那么这些污染物都应该作为监测指标。

监测点位的设置要能够满足对排放限值评价的要求，例如，设定了去除率限值的持证单位，必须对进口进行监测；监测频次的设计需要跟排放限值的规定相匹配，例如，设定了 4 天平均值的持证单位，设计的监测频次必须能够获得 4 天平均值；排放限值是针对某一类工艺废水进行设置的，必须在能够获得该类工艺废水的监测结果的点位开展监测。

监测频次的设置要综合考虑排放限值、排放特征、监测成本、企业的守法历史等多种因素。首先，监测频次的设置要考虑排放限值的内容，能够获得相应时间段的排放数据；其次，要考虑企业的污染治理和排放特征；第三，要考虑企业的成本，不能随意增加监测频次；第四，要考虑企业的守法历史，对于持续守法的企业可以相对降低监测频次的要求。

采样方式和分析方法要参照排放限值设定时采用的方法，与其保持一致。

2.3.3　以监测数据为重要内容的信息系统为污染源监管提供了良好的数据基础

综合达标信息系统（ICIS-NPDES）以及之前的许可证达标系统（PCS）是美国的 NPDES 许可证制度非常重要的信息系统，该信息系统中收集了所有持证单位的排污设施及废水的排放特征、自行监测数据、达标限期、许可条件、检查相关内容、强制执法行为等信息。这些信息不仅为管理机构审查持证单位是否依证排污提供了数据基础，也为开展其他管理活动提供了大量有价值的数据。

第3章

我国自行监测制度体系研究

"谁污染、谁治理"是我国环境保护的基本原则之一。企业对自身开展环境监测是掌握企业污染物排放状况与治理成效的重要手段，同时将监测信息向社会公开，是向社会和公众证明其环境污染排放与治理的合规性的重要途径。虽然我国相关法律法规中陆续对排污单位自行监测做出了不同程度的要求，但是我国排污单位自行监测制度长期以来并未建立，如何开展自行监测及信息公开工作不够明确，需配套建立自行监测管理制度，明晰各方职责，使政府、企业、公众在自行监测工作中发挥各自的作用，完善我国污染源监测管理制度。

本章主要立足我国"十二五"时期污染源监测状况，从排污单位自行监测需求分析入手，对自行监测发挥作用的关键因素进行分析，通过对相关责任主体职责定位分析，并对自行监测关键要素开展研究，在此基础上提出我国排污单位自行监测制度体系框架及保障机制。本章提出的排污单位自行监测制度体系框架核心内容已在全国正式发文实施，现将制度研究过程中的主要过程和思考予以说明，以期为今后进一步研究提供借鉴。

3.1　自行监测的需求分析

3.1.1　法律规定中明确要求企业对自身排污状况开展监测，需要专门制度落实

"十一五"以前，我国相关法律规定中陆续对排污单位开展自行监测提出了要求，明确要求企业对自身排污状况开展监测，企业开展排污状况自行监测是法定的责任和义务。

1992 年颁布的国家环境保护局第 10 号令《排放污染物申报登记管理规定》第十一条规定，"排污单位对所排放的污染物，按国家统一规定进行监测、统计"。

1998 年 11 月 29 日国务院令第 253 号发布的《建设项目环境保护管理条例》第十九条规定，"建设项目试生产期间，建设单位应当对环境保护设

施运行情况和建设项目对环境的影响进行监测"。

2001 年 12 月 27 日国家环境保护总局令第 13 号发布的《建设项目竣工环境保护验收管理办法》第十六条（七）规定，"建设项目竣工环境保护验收条件之一是环境监测项目、点位、机构设置及人员配备，符合环境影响报告书（表）和有关规定的要求"。

2007 年颁布的国家环境保护总局第 39 号令《环境监测管理办法》第二十一条规定，"排污者必须按照县级以上环境保护部门的要求和国家环境监测技术规范，开展排污状况自我监测"。

《水污染防治法》（2008 年修订）中明确：重点排污单位应当安装水污染物排放自动监测设备，与环境保护主管部门的监控设备联网，并保证监测设备正常运行。排放工业废水的企业，应当对其所排放的工业废水进行监测，并保存原始监测记录。排污单位对本单位排放污染物状况和防治污染设施运行情况进行定期监测，建立污染源监测档案，及时向当地环境保护主管部门报告排污情况，证实其排放行为符合国家和地方的排放标准及总量控制要求，是排污企业的法定责任。

尽管法律法规中提出了排污单位开展自行监测的要求，但由于没有专门的管理制度予以明确和细化，长期以来我国排污单位自行监测并未真正开展，需要有专门的管理制度对排污单位自行监测以下几个方面进行明确：①排污单位监测和报告的责任，将排污单位排放状况的监测与向公众发布的责任明确界定为是排污单位的责任，从而扭转长期以来人们认为排放监测和信息发布是政府职责的错误观念；②排污单位自行监测的具体实施途径和要求，使得排污单位开展自行监测有据可依，有规范可遵循，提高自行监测的可实施、可操作性；③明确对排污单位自行监测执行不到位情况的责任追究等，从而使排污单位开展自行监测有明确的法规可循，若排污单位不履行监测的责任，行政部门可依法对其进行处罚；④排污单位自行监测基础数据备案及台账建立等内容的具体要求，使得排污单位监测结果有据"可核查、可证明"。只有将排污单位自行监测的具体要求进行明确化，责任明晰化，排污单位自行监测方能真正开展起来。

3.1.2　污染源监测仅作为政府单向行为的观念需要转变

企业生产是造成环境污染的最主要的原因之一，企业自然应该成为改善环境状况的主力军，充分发挥其在环境保护工作中的主观能动作用。生态环境部门开展的污染源监督性监测属于政府对企业排污状况的监管行为，企业开展自行污染源监测，属于企业自身为履行法定环境保护责任和义务而自行组织开展的环境监测行为。两种监测行为的目的都是通过开展监测，获取监测结果，及时掌握企业的排污状况，促使污染物能够达标排放。但是，相对来说，政府的监督性监测频次低，仅是对企业日常排污的抽查抽测，通过一年仅仅一次或几次的监督监测获取的监测数据，远远不能反映企业连续不断的排污状况。而企业自身开展监测，更便于企业及时掌握自身排污状况，发现超标情况及时查找原因，采取相应措施，保障达标排放。

随着环境管理和执法力度的加强，虽然绝大多数企业建立了污染治理设施，但大多数企业开展自行监测的法律意识薄弱，污染源自行监测水平普遍较低，监测能力发展缓慢，监测项目不全，未能涵盖行业特征污染物，不能全面掌握自身排放污染物的状况。尤其对于污染源的监测，社会公众往往理解为政府针对企业的单向工作，却忽视了企业自身的环境保护责任和义务，即便是在生态环境系统内部，仍有这种观念存在，这种观念需要得到根本的转变，需要企业在污染源监测工作中发挥其主观能动作用，更需要政府加强对企业开展自行监测的管理，提高企业自行监测的能力及水平。

3.1.3　公众参与和保障公众安全对企业自行监测的需求

公众是社会共治环境治理体系的重要主体，公众参与的基础是及时获取信息，自行监测数据是反映排放状况的重要信息。随着公众对环境质量的诉求不断提高，对环境污染的敏感性也不断提高，对污染排放的容忍度不断降低，环境污染投诉、通过新媒体等方式曝光污染事件等不断增多，有些污染事件引起了较大范围的社会关注，考验着各级政府的执政能力和公信力。一方面，为了应对舆情，需要对污染排放状况进行调查和评价；另一方面，为保障公众环境知情权，近年来我国一直在推进污染源监测信息公开，包括排污单位自行监测数据和政府部门监督性监测数据。因此，企业开展自行监测并及时公开监测信息，一旦产生污染事件或纠纷，才能真正地说清排污真实状况，满足公众知情权。

3.2　自行监测发挥作用的关键因素分析

3.2.1　让排污单位"测起来"，为自行监测发挥作用提供基础

排污单位依法依规开展监测，是自行监测发挥作用的前提。推进排污单位自行监测，可以为改变说不清污染源排放状况提供条件，为清晰界定各方责任提供基础。长期以来，说清污染源排放状况的主要责任由生态环境部门承担，这致使一系列矛盾不断凸显。为了解决单纯依靠生态环境部门有限的人力和资源难以全面掌握企业的污染源状况的问题，推进排污单位自行监测也是社会发展的需要。排污单位在对生产、污染治理设施运行负责的同时，应通过监测说清楚污染物排放状况，这可以为说清污染源排放状况提供条件。

3.2.2　把自行监测"管起来"，为自行监测发挥作用提供保障

排污单位高质量开展自行监测，是自行监测发挥作用的基础。保证自行监测质量，就必须加强对自行监测活动的监管，检查排污单位的监测方案是否符合管理要求，监测活动是否严格按照监测技术规范和技术方法执行，监测过程是否有严格的质量控制。只有对自行监测全过程加强监管，确保监测数据的有效性，才能保证其能够应用于各项管理活动。

3.2.3　把自行监测数据"用起来"，为自行监测发挥作用提供动力

只有充分应用自行监测数据，才能确保自行监测有生命力，才能促进自行监测的不断完善。自行监测数据可以在多个层面进行应用。

首先，在环境管理中加以应用，在排放监管、排放量核算等各项管理活动中对自行监测数据进行甄别性应用，让排污单位自行监测数据真正发挥作用，既提高自行监测的实效，也促进了排污单位积极开展监测。

其次，应用于公众参与和监督。公众是社会共治环境治理体系的重要主体，公众参与的基础是及时获取信息，自行监测数据是反映排放状况的重要信息。社会的变革为公众参与提供了外在便利条件，为了提高自行监测在环境治理体系中的作用，就要充分利用当前发达的自媒体、社交媒体等各种先进、便利的条件，为公众提供便于获取、易于理解的自行监测数据和基于数据加工而成的相关信息，为公众高效参与提供重要依据。

再次，利用生态环境大数据分析加强自行监测数据的应用。自行监测数据承载了大量污染排放和治理信息，通过大数据分析，挖掘污染治理和排放规律，可为科学制定环境管理政策提供参考。

3.3　相关主体职责分析

污染源监测是污染防治的重要支撑，需要各方的共同参与。政府、企业、公众是环境保护主要责任主体。政府通过命令控制、经济刺激、劝说鼓励等手段规范企业的排污行为，同时鼓励公众的环境友好行为；企业主动承担环境保护的社会责任，支持政府的环境保护政策，同时通过宣传引导消费者使用清洁的产品；公众主要承担监督职责。

3.3.1　排污单位环境治理责任分析

企业是最主要的生产者，是社会财富的创造者，企业在追求自身利润的同时，向社会提供了产品，满足了人民的日常所需，推进了社会的进步。

在当代社会，由于企业是社会中普遍存在的社会组织，其数量众多，类型各异，存在范围广，对社会影响最大。在这种情况下，社会的发展不仅要求企业承担生产经营和创造财富的义务，还要求其承担环境保护、社区建设和消费者权益维护等多方面的责任，此即企业的社会责任。企业社会责任具有道义责任的属性和法律义务的属性。法律作为一种调整人们行为的规则，其对人之行为的调整是通过权利义务之设置而实现的。因而，法律义务并非一种道义上的宣示，其有具体的、明确的规则指引人之行为。基于此，企业社会责任一旦进入环境法视域，其即被分解为具体的法律义务。

企业生产是造成环境污染的最主要的原因之一，我国环境保护制度明确要求排污者担负污染治理主体责任，按照"谁污染、谁治理"的原则，企业对自身开展环境监测是掌握企业污染物排放状况与治理成效的重要手段，同时将监测信息向社会公开，是向社会和公众证明其环境污染排放与治理的合规性的重要途径。企业自然应该成为改善环境状况的主力军，担负起污染治理的责任，切实防范环境污染，充分发挥其在环境保护工作中的主观能动作用。

对于企业污染治理效果的验证，一方面可通过政府部门的监督性监测结果予以证明，另一方面更应由企业举证。排污许可制度明确了排污单位自证守法的权利和责任，排污单位可以通过以下途径进行"自证"。一是应依法开展自行监测，保障数据合法有效，妥善保存原始记录；二是建立准确完整的环境管理台账，记录能够证明其排污状况的相关信息，形成一整套完整的证据链；三是定期、如实向生态环境部门报告排污许可证执行情况。可以看出，自行监测贯穿自证守法的全过程，是自证守法的重要手段和途径。

企业开展排污状况自行监测及信息公开是法定的责任和义务。如《水污染防治法》（2008年修订）中明确：重点排污单位应当安装水污染物排放自动监测设备，与环境保护主管部门的监控设备联网，并保证监测设备正常运行。排放工业废水的企业，应当对其所排放的工业废水进行监测，并保存原始监测记录。排污单位对本单位排放污染物状况和防治污染设施运行情况进行定期监测，建立污染源监测档案，及时向当地环境保护主管部门报告排污情况，证实其排放行为符合国家和地方的排放标准及总量控制要求，是排污企业的法定责任。

3.3.2　管理部门"放管服"责任分析

近年来，随着我国环境监测市场逐步放开，环境监测事业得到了迅速发展，也取得了显著成绩。然而，在一些地方，由于配套改革政策滞后、管理不规范、服务跟不上，导致监测市场出现了混乱局面，一个直接表现就是恶意低价进行市场竞争、随意进行项目分包监测等。再加上资金投入不足和人力资源不够，一些地方的社会监测机构监测能力不高、管理混乱，导致不能完全满足生态环保工作的需求，甚至出现了有个别监测机构数据造假的现象。

环境监测是环境管理的重要手段，推行环境监测服务社会化是加快政府环境保护职能转变、提高公共服务质量和效率的必然要求，也是推动生态环保产业乃至经济高质量发展的重要支撑手段。排污单位开展自行监测是履行其法定责任和义务的行为，应作为污染源监测体系中不可或缺的一部分，并发挥基础性作用，由企业在污染源监测中承担主体责任，政府起到监督管理责任。通过深化生态环境领域"放管服"改革，进一步实施对排污单位自行监测相关活动的"放管服"，切实解决自行监测发展过程中存在的问题，发挥新形势下政府的监管服务职能，更好地推动环境监测事业健康发展。

3.3.2.1　现阶段开展自行监测的资质要求

虽然 20 世纪 90 年代初期我国相关法律规定中就对排污单位开展自行监测活动做了初步的规定，但是自行监测工作并没有真正开展起来，长期以来，我国企业承担污染源监测的责任明显不足，尤其是随着国家机构改革进展，行业主管部门逐步整合，由行业主管部门主导和监管的排污监测逐步弱化，排污单位在污染源监测中缺位越来越严重。

排污单位开展自行监测如何真正地实施起来，由谁来测、如何测，监测资质有什么要求等存在着诸多的问题。自身有实验室并具备监测能力的企业，可自承担开展自行监测，不具备监测能力的企业可依托社会化检测机构开展自行监测。对于自承担自行监测的企业来说，少数大型企业实验室具备检验检测资质，而多数企业的实验室并未获取检测资质，日常化验分析仅为内部掌握关键生产工艺或处理工艺状态。现阶段是推动企业全面开展自行监测的初期阶段，各企业的实验室大小不一，要求所有企业实验室均具备检测资质并不现实。一方面，鼓励有自承担自行监测意愿的企业积极开展起来，政府为企业提供技术服务保障，自承担监测的检验检测资质并不强制要求获取。另一方面，我国社会化检测市场建设尚处于初级阶段，需要主动培育和引导社会化检测市场的健康发展，鼓励不具备监测能力的企业通过购买服务的方式完成自行监测工作，而接受企业自行监测委托的社会化检测机构，理应需具备检验检测资质，其所出具的监测数据应有一定的法律地位，以便依法加强监管工作。

3.3.2.2 政府发挥监控检查的职能

排污单位高质量开展自行监测，是自行监测发挥作用的基础。测而不管，自行监测会流于形式，政府监督不可缺位。政府部门应加强对排污单位自行监测的监督和检查，从而整体上提升自行监测数据的质量。保证自行监测质量，就必须加强对自行监测活动的监管，检查排污单位的监测方案是否符合管理要求，监测活动是否严格按照监测技术规范和技术方法执行，监测过程是否有严格的质量控制。只有对自行监测全过程加强监管，确保监测数据的有效性，才能保证其能够应用于各项管理活动。

污染源排放监测与报告是排污单位的责任，但由于外部性的存在，政府管制与排污中，存在两种博弈关系。第一，政府管制和企业排污之间存在博弈，企业总是尽量隐瞒真实的排污信息，以逃避政府管制。第二，管制机构总是授权官员去实施管制政策，从而出现排污管制中的授权监督与合谋现象。即官员一旦掌握相关信息，被管制者通常有动机向其提供贿赂，从而逃避有关责任或惩罚。另外，从现实情况来看，我国相当多的监管机构都面临着预算吃紧或不足的局面，这使得管制者有动机接受甚至主动向被监管企业索取贿赂，从而弱化政府政策的管制效果。因此，政府应发挥监管职能，且这种监管既存在于政府与排污单位之间，还存在于不同级别的政府之间。政府发挥监管职能的手段有很多种，对于监测而言，最直接的手段主要包括监督监测、质量核查与比对监测等。

污染源监督监测目的是通过政府部门对污染源排放情况的监测，加强对污染源达标排放和污染治理设施治理能力、治理效果的监控，及对超标排放和偷排放的取证，可以促使污染源加强污染治理。

质量核查与比对监测既包括政府对排污单位的检查，也包括上级对下级的检查。质量核查与比对监测的目的在于对排污单位和监测机构的监测能力、监测操作规范性、监测记录完整性等保障监测数据质量的内容进行检查，从而提升污染源监测的能力与数据质量。

3.3.2.3　加强对企业开展自行监测的技术指导、宣贯与培训

生态环境主管部门对排污单位自行监测工作不仅要制度化管理，制定相应的管理规定，明确各级生态环境主管部门的监管职责，充分发挥监管效能，还应在推动企业自行监测工作中发挥技术指引的作用，建立自行监测技术体系，提供技术指导，为企业做好技术服务。

我国排污单位开展自行监测，各级生态环境主管部门发挥着重要的引导作用，企业从一开始的茫然、空白，到明确自行监测属于自身应尽的责任和义务，再被动或主动地开展自行监测和信息公开，不同的阶段均离不开生态环境主管部门的宣贯和引领。通过建立完善的自行监测技术指南体系，将自行监测要求进一步明确和细化，加强宣传和培训，解决企业开展自行监测过程中遇到的问题，指导企业如何开展自行监测、定期报告与信息公开，为企业开展自行监测做好技术服务保障。

3.3.3　社会公众监督责任分析

排污单位如何规范地开展自行监测，自行监测数据质量如何保证，仅仅依靠政府监管是远远不够的，公众监督必不可少，公众是社会共治环境治理体系的重要主体。新修订的《环境保护法》更加明确地赋予了公众环保知情权和监督权："公民、法人和其他组织依法享有获取环境信息、参与和监督环境保护的权利。各级人民政府环境保护主管部门和其他负有环境保护监督管理职责的部门，应当依法公开环境信息、完善公众参与程序，为公民、法人和其他组织参与和监督环境保护提供便利。"有效的公众参与不是公众个体行动的简单汇总。作为社会治理的一个重要维度，公众参与具有系统性。推动公众有效参与社会治理，需要整合社会组织、行业、公众等多方面力量，在自行监测社会监督活动中，NGO 组织持续有效监督，各行业内部加强行业自律，群众积极广泛参与监督，发挥其各自的优势和功能，实现多主体联动，充分发挥群众参与社会治理的作用。

社会公众参与对自行监测的监督，首要基础是及时获取信息，自行监测数据是反映企业排放状况的重要信息，企业开展自行监测，并在公众便于获取的平台及时公开监测结果，社会公众才能更好地参与进来。公众可以知晓企业自行监测开展情况，及时了解企业污染物的实际排放情况，并及时掌握企业的守法情形。这既切实维护了公众的居住安全感，也为进一步健全公众参与监督的机制、逐步建立群众监督与生态环境部门监测监察执法联动机制奠定了基础，有助于形成排污者如实申报、监管者阳光执法、社会共同监督的良好环境治理氛围。

3.4　自行监测关键要素研究

按照开展自行监测活动的一般流程，排污单位应查清本单位的污染源、污染物指标及潜在的环境影响，制定监测方案，设置和维护监测设施，按照监测方案开展自行监测，做好质量保证和质量控制，记录和保存监测数据，依法向社会公开监测结果。

本章围绕着排污单位自行监测流程中的关键节点，对其中的关键问题进行介绍。制定监测方案时，应重点保证监测内容、监测指标、监测频次的全面性、科学性，确保监测数据的代表性，从而能够全面反映排污单位的实际排放状况；设置和维护监测设施时，应能够满足监测要求，同时为监测的开展提供便利条件；自行监测开展过程中，应该根据本单位实际情况自行监测或者委托有资质的单位开展监测，所有监测活动要严格按照监测技术规范执行；开展监测的过程中，还应该做好质量保证和质量控制，确保监测数据质量；监测信息记录与公开时，应保证监测过程可追溯，同时按要求报送和公开监测结果，接受管理部门和公众的监督。

3.4.1　制定监测方案

3.4.1.1　自行监测内容

排污单位自行监测不仅限于污染物排放监测，而是应该围绕着说清楚本单位污染物排放状况、污染治理情况、对周边环境质量影响监测状况来确定监测内容。但考虑到排污单位自行监测的实际情况，排污单位可根据管理要求，逐步开展。

（1）污染物排放监测

污染物排放监测对于排污单位自行监测是基本要求，包括废气污染物、废水污染物和噪声污染。废气污染物，包括有组织废气污染物排放源，也包括无组织废气污染物排放源。废水污染物，包括直接排入环境的企业，即直接排放企业，也包括排入公共污水处理系统的间接排放企业。

（2）周边环境质量影响监测

排污单位应根据自身排放状况对周边环境质量的影响情况，开展周边环境质量影响状况监测，从而掌握自身排放状况对周边环境质量影响的实际情况和变化趋势。

对于污染物排放标准、环境影响评价文件及其批复或其他环境管理有明确要求的，排污单位应按照要求对其周边相应的空气、地表水、地下水、土壤等环境质量开展监测。对于相关管理制度没有明确要求的，排污单位应依据《大气污染防治法》《水污染防治法》的要求，根据实际情况确定是否开展周边环境质量影响监测。

（3）关键工艺参数监测

污染物排放监测需要有专门的仪器设备、人力、物力，往往具有较高的经济成本。而污染物排放状况与生产工艺、设备参数等相关指标具有一定的关联关系，而这些工艺或设备相关参数的监测，有些是生产控制所必须开展监测的，有些虽然不是生产过程中一定开展监测的指标，但开展监测相对容易，成本较低。因此，在部分排放源或污染物指标监测成本相对较高，难以实现高频次监测的情况下，可以通过对与污染物产生和排放密切相关的关键工艺参数进行测试以补充污染物排放监测。

（4）污染治理设施处理效果监测

有些排放标准等文件对污染治理设施处理效果有限值要求，这就需要通过监测结果进行处理效果的评价。另外，有些情况下，排污单位需要掌握污染处理设施的处理效果，从而可以更好地对生产和污染治理设施进行调试。因此，若污染物排放标准等环境管理文件对污染治理设施有特别要求的，或排污单位认为有必要的，应对污染治理设施处理效果进行监测。

3.4.1.2 自行监测方案内容

排污单位应当对本单位污染源排放状况进行全面梳理，分析潜在的环境风险，根据自行监测方案制定方法，制定能够反映本单位实际排放状况的监测方案，以此作为开展自行监测的依据。

监测方案内容包括：单位基本情况、监测点位及示意图、监测指标、执行标准及其限值、监测频次、采样和样品保存方法、监测分析方法和仪器、质量保证与质量控制等。

所有按照规定应开展自行监测的排污单位，在投入生产或使用并产生实际排污行为之前完成自行监测方案的编制及相关准备工作，一旦有产生实际排污行为，就应当按照监测方案开展监测活动。

当执行的排放标准、排放口位置、监测点位、监测指标、监测频次、监测技术、污染源、生产工艺或处理设施等情况发生改变时，原监测方案不再适用时应变更监测方案。

3.4.2　设置和维护监测设施

开展监测必须有相应的监测设施，为了保证监测活动的正常开展，排污单位应按照规定设置满足开展监测所需要的监测设施。

3.4.2.1　监测设施应符合监测规范要求

开展废水、废气污染物排放监测，应保证监测数据不受监测环境的干扰，因此，废水排放口、废气监测断面及监测孔的设置都有相应的要求，要保证水流、气流不受干扰，混合均匀，采样点位的监测数据能够反映监测时点污染物排放的实际情况。

我国废水、废气监测相关标准规范中，对监测设施必须满足的条件有规定，排污单位可根据具体的监测项目，对照监测方法标准、技术规范确定监测设施的具体设置要求。但是，由于相关标准规范对监测设施的规定较为零散，不够系统，有些地方出台了专门的标准规范，对监测设施设置规范进行了全面规定，这可以作为排污单位设置监测设施的参考，如北京市出台了《固定污染源监测点位设置技术规范》（DB 11/ 1195—2015）。

3.4.2.2　监测平台应便于开展监测活动

开展监测活动，需要一定空间，有时还需要使用直流供电的仪器设备，排污单位应设置方便开展监测活动的平台。一是到达监测平台要方便，从而可以随时开展监测活动；二是监测平台空间要足够大，要能够保证各类监测设备摆放和人员活动；三是监测平台要备有需要的电源等辅助设施，从而保证监测活动开展所必需的各类仪器设备、辅助设备正常工作。

3.4.2.3　监测平台应能保证监测人员的安全

开展监测活动的同时，必须能够保证监测人员的人身安全，因此监测平台要设有必要的防护设施。一是高空监测平台，周边要有足够保障人员安全的围栏，监测平台底部的空隙不应过大；二是监测平台附近有造成人体机械伤害、灼烫、腐蚀、触电等危险源的，应在平台相应位置设置防护装置；三是监测平台上方有坠落物体隐患时，应在监测平台上方设置防护装置；四是排放剧毒、致癌物及对人体有严重危害物质的监测点位应储备相应安全防护装备。所有围栏、底板、防护装置使用的材料结构，要符合相关质量要求，要能够承受最大估计的冲击力，从而保障人员的安全。

3.4.2.4　废水排放量大于 100 t/d 的，应安装自动测流设施并开展流量自动监测

废水流量监测是废水污染物监测的重要内容，从某种程度上来说，流量监测比污染物浓度监测更为重要。废水流量监测的方法有多种，根据废水排放形式，流量监测针对明渠和管道可采用明渠流量计和电磁流量计。流量监测易受环境影响，监测结果存在一定不确定性的问题是国际上普遍性的技术问题。但从总体上来说，流量监测技术日趋成熟，能够满足各种流量监测需要，且越来越能满足自动测流的需要。电磁流量计适用于管道排放的形式，对于流量范围适用性较广。明渠流量计中，三角堰适用于流量较小的情况，监测范围能够低至 1.08 m³/h，即能够满足 30 t/d 排放水平企业的需要。根据环境统计数据，废水排放量大于 30 t/d 的企业数为 7.5 万家，约占 80%；废水排放量大于 50 t/d 的企业数为 6.7 万家，约占 70%；废水排放量大于 100 t/d 的企业数为 5.7 万家，约占 60%。从监测技术稳定性方面和当前的基础，本书建议废水排放量大于 100 t/d 的企业采取自动测流的方式。

3.4.3　开展自行监测

3.4.3.1　开展自行监测的一般要求

排污单位应依据最新的自行监测方案，安排监测计划，开展相应的监测活动。对于排污状况或管理要求发生变化的，排污单位应变更监测方案，并按照新的监测方案实施监测活动。

开展监测活动的技术依据是监测技术规范。除了监测方法中的规定，我国还有一些系统性的监测技术规范，对监测全过程进行规范，或者专门针对监测的某个方面进行技术规定。为了保证监测数据准确可靠，客观反映实际情况，无论是自行开展监测，还是委托其他社会化检测机构进行监测都应该按照国家发布的环境监测技术规范、监测方法标准开展监测活动。

开展监测活动的机构和人员由排污单位根据实际情况决定。排污单位可根据自身条件和能力，利用自有人员、场所和设备自行监测，企业自行实施监测不需要通过国家的实验室资质认定，即检测报告不须加盖 CMA 印章。个别或者全部项目不具备自行监测能力时，也可委托其他有资质的社会化检测机构代其开展。

无论是排污单位自行监测，还是委托社会化检测机构开展监测，排污单位都应对自行监测数据真实性负责。如果社会化检测机构未按照相应技术规范、监测方法标准开展监测，或者存在造假等行为，排污单位可以依据合同追究所委托的社会化检测机构的责任。

3.4.3.2　监测活动开展方式分类

监测活动开展是自行监测的核心。在监测组织方式上，开展监测活动时可以选择依托自有人员、设备、场地自行开展监测，也可以委托有资质的社会化检测机构开展监测。在监测技术手段上，无论是自行监测还是委托监测，都可以采用手工监测和自动监测的方式。排污单位自行监测活动开展方式选择流程见图 3-1。

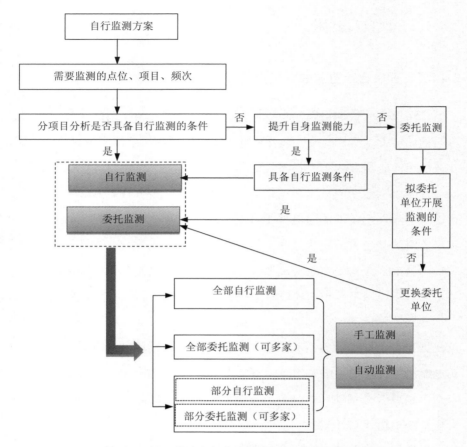

图 3-1　排污单位自行监测活动开展方式选择流程

　　排污单位首先根据自行监测方案明确需要开展监测的点位、监测项目、监测频次，在此基础上根据不同监测项目的监测要求分析本单位是否具备开展自行监测的条件。具备监测条件的项目，可选择自行开展监测；不具备监测条件的项目，排污单位可根据自身实际情况，决定是否提升自身监测能力，以满足自行监测的条件。如果通过筹建实验室、购买仪器、聘用人员等方式满足了自行开展监测条件的，可以选择自行开展监测。若排污单位不想自行开展监测，而选择委托社会化检测机构开展监测，那么需要按照不同监测项目检查拟委托的社会化检测机构是否具备承担委托监测任务的条件。若拟委托的社会化检测机构具备条件，则可委托社会化检测机构开展委托监测；若不具备条件，则应更换具备条件的社会化检测机构承担相应的监测任务。由此来说，对于同一排污单位，存在三种情况：全部自行监测、全部委托监测、部分自行监测部分委托监测。同一排污单位，不同监测项目，可委托多家社会化检测机构开展监测。

无论是自行监测还是委托监测，都应当按照自行监测方案要求，确定各监测点位、监测项目的监测技术手段。对于明确要求开展自动监测的点位及项目，应采用自动监测的方式，其他点位和项目可根据排污单位实际，确定是否采用自动监测。不采用自动监测的项目，应采用手工监测方式开展监测。采用自动监测方式的项目，应该按照相应技术规范的要求，定期采用手工监测方式进行校验。

3.4.3.3　监测活动开展应具备的条件

（1）自行开展监测应具备的条件

对于自行开展监测的排污单位，应具备开展相应监测项目的能力，主要从以下方面来考虑。

1）人员。自行监测作为排污单位环境管理的关键环节和重要基础，人才是关键，高素质的环境监测人员队伍为排污单位自行监测事业提供坚强的人才保障。

排污单位应有承担环境监测职责的机构，落实环境监测经费，赋予相应的工作定位和职能，配备充足的环境监测技术人员和管理人员，在人员比例上，要考虑各类技术人员的构成，如可要求高级技术人员占技术人员总数比例不低于 20%，中级占比不低于 50%。

排污单位应与其人员建立固定的劳动关系，明确技术人员和管理人员的岗位职责、任职要求和工作关系，使其满足岗位要求并具有所需的权力和资源，履行建立、实施、保持和持续改进管理体系的职责。

排污单位监测机构最高管理者应组织和负责管理体系的建立和有效运行。排污单位应对操作设备、检测、签发检测报告等人员进行能力确认，由熟悉检测目的、程序、方法和结果评价的人员，对检测人员进行质量监督。排污单位应制定人员培训计划，明确培训需求和实施人员培训，并评价这些培训活动的有效性。排污单位应保留技术人员的相关资格、能力确认、授权、教育、培训和监督的记录。

2）设施与环境条件。排污单位应配备用于检测的实验室设施，包括能源、照明和环境条件等，实验室设施应有助于检测的正确实施。

实验室宜集中布置，做到功能分区明确、布局合理、互不干扰，对于有温湿度控制要求的实验室，建筑设计应采取相应技术措施；实验室应有相应的安全消防保障措施。

实验室设计必须执行国家现行有关安全、卫生及环境保护法规和规定，对限制人员进入的实验区域应在其明显部位或门上设置警告装置或标志。

凡是进行对人体有害的气体、蒸汽、气味、烟雾、挥发物质等实验工作的实验室，应设置通风柜，实验室需维持负压，向室外排风必须经特殊过滤；凡是经常使用强酸、强碱、有化学品烧伤的实验室，在出口附近宜设置应急喷淋和应急洗眼器等装置。

实验室用房一般照明的照度均匀，其最低照度与平均照度之比不宜小于0.7，微生物实验室宜设置紫外灭菌灯，其控制开关应设在门外并与一般照明灯具的控制开关分开设置。

为了确保监测结果的准确性，排污单位应做到：对影响监测结果的设施和环境条件应制定相应的技术文件。如果规范、方法和程序有要求，或对结果的质量有影响时，实验室应监测、控制和记录环境条件。当环境条件危及检测的结果时，应停止检测。应将不相容活动的相邻区域进行有效隔离。对影响检测质量的区域的进入和使用，应加以控制。应采取措施确保实验室的良好内务，必要时应制订专门的程序。

3）仪器设备。排污单位应配备进行检测（包括采样、样品前处理、数据处理与分析）所要求的所有设备，用于检测的设备及其软件应达到要求的准确度，并符合检测相应的规范要求。根据开展的监测项目，可以考虑配备的仪器设备包括：气相色谱仪、液相色谱仪、离子色谱仪、原子吸收光谱仪、原子荧光光谱仪、红外测油仪、分光光度计、万分之一天平、马弗炉、烘箱、烟气烟尘测定仪、pH 计等。对结果有重要影响的仪器的分量或值，应制订校准计划。设备在投入工作前应进行校准或核查，以证实其能够满足实验室的规范要求和相应的标准规范。

仪器设备应由经过授权的人员操作，大型仪器设备应有仪器设备操作规程，应有仪器设备运行和保养记录；每一台仪器设备及其软件均应有唯一性标识；应保存对检测具有重要影响的每一台仪器设备及软件的记录，并存档。

4）实验室质量体系。排污单位应建立实验室质量体系文件，制定质量手册、程序文件、作业指导书等文件，采取质量保证和质量控制措施，确保自行监测数据可靠，可根据实际情况确定是否需要取得实验室计量认证和实验室认可等资质。

（2）委托监测相关要求

排污单位委托社会化检测机构开展自行监测的，也应对自行监测数据真实性负责，因此排污单位应重视对委托单位的监督管理。其中，具备检测资质是委托单位承接监测活动的前提条件和基本要求。

接受自行监测任务的社会化检测机构应具备监测相应项目的资质，即所出具的检测报告必须能够加盖 CMA 印章。排污单位除应对资质进行检查外，还应该加强对委托单位的事前、事中、事后监督管理。

选择拟委托的社会化检测机构前，应对委托机构的既往业绩、实验室条件、人员条件等进行检查，重点考虑社会化检测机构是否有开展本单位委托项目的经验，是否具备承担本单位委托任务的能力，是否存在弄虚作假的历史等。

委托单位开展监测活动过程中，排污单位应定期不定期抽检委托单位的监测记录，若有存疑的地方，可开展现场检查。

每年报送全年监测报告前，排污单位应对委托单位的监测数据进行全面检查，包括监测的全面性、记录的规范性、监测数据的可靠性等，确保委托单位按照要求开展监测。

3.4.4　做好监测质量保证与质量控制

排污单位无论是自行开展监测还是委托社会化检测机构开展监测，都应该根据相关监测技术规范、监测方法标准等要求做好质量保证与质量控制。

自行开展监测的排污单位应根据本单位自行监测的工作需求，设置监测机构，梳理监测方案制定、样品采集、样品分析、监测结果报出、样品留存、相关记录的保存等监测的各个环节中，为保证监测工作质量应制定的工作流程、管理措施与监督措施，建立自行监测质量体系。质量体系应包括对以下内容的具体描述：监测机构、人员、出具监测数据所需仪器设备、监测辅助设施和实验室环境、监测方法技术能力验证、监测活动质量控制与质量保证等。

委托其他有资质的社会化检测机构代其开展自行监测的，排污单位不用建立监测质量体系，但应对社会化检测机构的资质进行确认。

3.4.5　记录和保存监测数据

记录监测数据与监测期间的工况信息，整理成台账资料，以备管理部门检查。对于手工监测，应保留全部原始记录信息，全过程留痕。对于自动监测，除通过仪器记录全面监测数据外，还应记录运行维护记录。另外，为了更好地说清楚污染物排放状况，了解监测数据的代表性，对监测数据进行交叉印证，形成完整证据链，还应详细记录监测期间的生产和污染治理状况。

排污单位应将自行监测数据接入全国污染源监测信息管理与共享平台，公开监测信息。此外，可以采取以下一种或者几种方式让公众更便捷获取监测信息：公告或者公开发行的信息专刊；广播、电视等新闻媒体；信息公开服务、监督热线电话；本单位的资料索取点、信息公开栏、信息亭、电子屏幕、电子触摸屏等场所或者设施；其他便于公众及时、准确获得信息的方式。

3.5　我国自行监测制度体系框架设计

3.5.1　设计思路与原则

第一，以国家重点监控企业为先导，规范企业自行监测及信息公开。企业开展自身污染排放及治理的监测需要配备相应的人力、物力、财力，最根本的也就是资金的支持。全国现有各类重点排污企业十几万家，同时开展难度极大，尤其是小型企业在人员、技术、设备等方面实力都相对薄弱。而国控企业实力相对较强，从国控企业入手，积累经验，有利于企业自行监测工作迈出坚实的第一步。

第二，企业依据自身排污特点确定自行监测方案，实行"一厂一策"。各排污企业均有其自身的排污特征和环保管理要求，开展自行监测时，不能每个排污单位监测方案千篇一律，而需依据其环评报告及批复、排放标准等的要求，在分析产排污节点、确定各污染物排污口及特征污染物的基础上制定自行监测方案，并选择合适的采样和分析测试方法，实行"一厂一策"。

第三，充分发挥生态环境部门监管职能，有力约束企业行为。企业开展环境监测是一项耗时耗力的行为，难免有企业开展工作时不能全面、到位。生态环境部门被赋予对企业进行监督的权力和责任，应当有力督促企业及时、全面、如实地开展环境监测及信息公开。

第四，注重企业环境监测能力的培养。企业开展自行监测，其监测技术、能力是能否有效开展监测行为的基础，是长期有效进行环境管理的保障。推行企业自测不是最终目的，而应以此促进企业环境监测能力及管理能力的提升。通过对企业监测能力提出要求，同时组织对企业开展相关培训，能促使企业提高自行监测能力水平和环境保护意识。

第五，注重信息公开方式的便民性。企业自行监测信息公开的方式应便于公众查询和理解，方便公众进行监督，是否应当统一组织监测信息公布平台以及由谁来组织，也是企业自行监测信息及公开制度的重要组成部分。

3.5.2　制度主体的权责关系

根据上文论述和设计思路与原则，提出排污单位、生态环境部门、社会公众的权责关系见图 3-2。

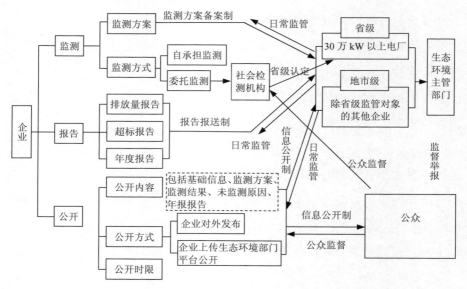

图 3-2　排污单位、生态环境部门、社会公众的权责关系

首先，排污单位应承担开展自行监测及信息公开的职责。排污单位的责任是根据环评报告及批复、执行的排放标准结合自身排污特点，制定自行监测方案，包括监测点位、监测项目、监测方法、监测频次等，并严格按照方案开展自行监测，及时公开监测结果，企业对其公开信息的真实性、准确性和完整性负责。

其次，生态环境部门对企业自行监测及信息公开具有重要的监管职能。生态环境主管部门应对企业负有监管职责，监管内容包括企业自行监测方案的备案、自行监测委托单位的资质、监测结果的报告、监测信息公开的内容、方式和时限等方面。对于企业不按要求开展自行监测及信息公开工作的，生态环境部门可以采取向社会公布、不予环保上市核查、暂停发放排污许可证等约束措施，同时也可建议金融、信贷等一些机构进行配套处罚措施等，有效制约企业不依法履行义务的行为。

最后，应发挥公众监督企业自行监测及信息公开行为的作用。公众监督是企业依法开展自行监测及加强污染治理工作、生态环境部门监管工作公正到位的有力保证。公众、法人和其他组织均可以对企业不依法开展工作的行为进行举报，收到举报的生态环境部门应当进行调查，督促企业依法整改或采取相应的环境管理措施。

由此可以形成排污单位自行监测、政府部门监督管理、公众监督的污染源监测管理框架，见图 3-3。

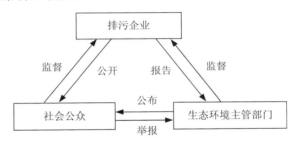

图 3-3　污染源监测管理框架体系示意图

3.5.3　制度运行方式

3.5.3.1　企业将其自行监测方案向生态环境主管部门备案

企业开展自行监测前，应当按照有关要求结合自身排污特点，制定自行监测方案，明确自行监测的内容及信息公开的时限和方式，并向生态环境主管部门备案，作为生态环境主管部门监督检查企业自测及信息公开开展情况的依据。同时，为了实现加强对排放量贡献较大源的监管，按照分级管理的思路，加强省级管理部门对火电厂的排放监管，提出装机总容量30 万 kW 以上火电厂向省级生态环境主管部门备案，其他企业向市级生态环境主管部门备案。

自行监测方案的备案是指企业向所在地生态环境主管部门登记自行监测相关信息的行为。利用自有人员进行自行监测的企业需登记其监测点位、监测项目、分析方法、公开时限、监测场所、监测设备、监测人员等信息；委托社会机构开展自行监测的企业需要登记的信息除前述有关信息外，还需登记委托合同、承担检测任务机构的工商执照（或法人证书）、资质证明材料等。

省级和市级生态环境主管部门根据国家和本地区的有关规定，对企业备案内容进行监督检查或受理认定，必要时进行现场核查，确认备案材料的真实性和规范性，对不符合要求的监测方案，应要求企业重新制定。此外，企业自行监测方案发生变更时，还应及时备案变更内容或新的监测方案。

3.5.3.2　生态环境主管部门对企业自行监测能力进行认定

企业开展自行监测，可利用自有人员、设备、场地进行监测，也可委托社会化检测机构或生态环境部门所属的环境监测站代其开展监测，但这两者均需满足一定的条件。利用自有人员进行监测时，针对手工监测方式和自动监测方式分别有应具备的必要条件，企业是否具备这些条件应由负责备案的生态环境主管部门进行监督检查。

企业委托社会化检测机构开展自行监测时，所委托的社会化检测机构应当经过省级生态环境主管部门认定。其中涉及的社会化检测机构是指社会上能够承担一定的分析任务、具有一定检测能力的机构，可以是大学院校所属的检测机构、社会化的检测公司、大型公司所属的检测机构等。我国《实验室和检查机构资质认定管理办法》中规定了为社会提供公正数据的检测机构必须进行计量认证。因此，接受企业自行监测委托的社会化检测机构首先一定是按要求通过计量认证的。

同时，生态环境主管部门应当对社会化检测机构是否具备开展自行监测的能力进行认定。这是因为国家对企业开展自行监测的指标、频次等均有明确的规定，社会化检测机构若要承担委托，应当具有一定的场地、设备、人员、监测技能等方面的能力。由于目前我国还没有对社会化检测机构承担企业委托自行监测的能力和资质的专项规定，因此，目前由各地区省级生态环境部门对社会化检测机构可否承担进行认定，各地可结合地区实际情况作详细规定，同时，可向社会公布能够承担委托监测的社会化检测机构名录，以利于需要开展委托监测的企业进行选择。

3.5.3.3　生态环境部门对企业定期开展自行监测能力培训

推动企业开展自行监测及信息公开是一项全新的工作，多数企业还存在条件不足、准备不充分、工作没方向的问题。因此，从国家到地方，应该全面建立对企业定期开展自行监测能力的培训机制。第一，业务技术培训。企业开展自行监测，应当具备必要的能力，技术培训是必要的条件，而生态环境部门具有指导和服务排污单位及社会化检测机构的责任，因此，省级生态环境主管部门需要定期组织开展对企业自行监测人员及社会人员开展与监测事项相符的技术培训，并颁发统一的、具有一定范围内效力的证书，以使企业人员有证可持，同时社会人员也可凭证书上岗。第二，业务管理培训。从企业开展自行监测的全过程来看，企业自行监测及信息公开具有一套完整的工作流程，需要业务管理人员熟知相关的环境保护法律法规。因此，还应当对相关人员开展自行监测的管理培训，宣传企业开展自行监测的法律义务，提高企业参与环境保护的意识，并指导企业如何制定监测方案、开展监测工作、获得监测数据、及时公开监测信息。

3.5.3.4　监测信息公开采取自愿和强制相结合的方式

企业自行监测信息公开采取自愿和强制相结合的方式，一方面鼓励企业通过对外网站、报纸、广播、电视等便于公众知晓的方式公开自行监测信息，另一方面企业必须通过省级或地市级生态环境主管部门统一组织建立的公布平台公开自行监测信息。

通过统一平台公布体现了对企业自行监测信息公开的便民性的要求。公众通过访问统一的平台，即可同时查询、监督所关注企业的监测信息公开情况，有利于充分发挥公众监督职能。统一平台可以设置在第三方网站、生态环境部门网站或政府网站，各地可结合本地实际情况确定，并向社会公告。

鼓励企业自寻途径公布，体现了企业作为自行监测主体、对自行监测信息负责的要求。自行监测是企业行为，生态环境部门即使统一组织公布平台，也是为企业公布、公众查询提供便利，并不对公布的监测信息内容负责。监测信息的真实性、可靠性应由污染企业负责任。

3.5.3.5　对企业自行监测及信息公开进行多方面监督

对企业自行监测的监督包括如下几个方面：一是生态环境主管部门对向其备案的企业自行监测进行监督管理，主要是定期检查企业自行监测方案的制定情况、自行监测的开展情况、自行监测信息的公开情况；二是社会公众对企业自行监测的监督，企业不按规定履行其自行监测及信息公开职责时，社会公众可向生态环境部门举报，收到举报的生态环境部门应当进行调查，督促企业依法履行其职责；三是上级生态环境主管部门对下级生态环境主管部门的企业自行监测及信息公开工作的组织开展情况进行监督考核。通过多层次、多方面的监督机制，保证企业自行监测及信息公开得以落实。

3.6　自行监测制度实施的保障机制

自行监测的有效实施，仅建立制度是不够的，如果不能彻底实施，那么制度本身的功能就不能实现，制度就会变成一纸空文，因此，自行监测制度的有效实施需从法律保障、组织保障、技术服务保障等方面予以保障。

3.6.1　法律保障

自行监测的有效实施，前提是必须有法可依，其法律保障是以《环境保护法》为基础构建的保障机制，既包括以一定物质形态存在的法律法规，也包括以一定观念形态存在的法律意识。我国相关法律法规中已明确了自行监测的法律地位，确立了自行监测结果法律拘束力，并对违反自行监测及信息公开义务规定了相应的制裁手段。

3.6.1.1　自行监测结果法律拘束力的确立

要保障排污单位认真履行自行监测义务，就必须确立自行监测结果的法律拘束力，避免自行监测走过场。我国现有的环境保护管理制度对自行监测结果的法律拘束力体现在以下几个方面：自行监测结果作为发放排污许可证的法定依据；自行监测结果作为征收环境税的法定计费或计税依据；自行监测结果作为核定污染物排放总量的法定依据。

3.6.1.2　违反自行监测及信息公开义务的处罚措施

在我国当前的环境守法状况下，要保障自行监测及信息公开义务的履行还必须设置较为严厉的处罚措施。

通过强化自行监测信息公开，也可以起到保障自行监测义务有效履行的作用。强化信息公开的义务的路径主要有两种：一是由生态环境主管部门通过行政监管，强化污染源环境信息公开义务的履行；二是由公众通过环境知情权的行使，强化污染源环境信息公开义务的履行。

3.6.2　组织保障

排污单位自行监测制度实施的组织保障有两个方面：一是各级生态环境主管部门设立的专门从事自行监测管理的组织机构和人员；二是各排污单位内部设立的从事自行监测工作的机构和人员。

作为各级生态环境主管部门来说，做好自行监测组织保障工作，必须明确职责，分工协作，严格执行相关的管理措施和制度，推动排污单位开展自行监测，必须配置专门从事此项工作的管理人员和技术人员。

作为排污单位来说，无论是自承担自行监测还是委托监测，均要具备相应的开展工作的条件，并建立完善的自行监测质量管理制度，保障监测的顺利开展以及监测数据的准确可靠。

3.6.3 技术服务保障

3.6.3.1 规范环境监测技术服务市场，保障监测的实施

虽然排污单位有自行监测的义务，但是其履行义务的方式并不一定是自己亲力亲为地进行监测，可以委托具有专业知识优势的环境监测技术服务机构代为履行自行监测义务，从专业分工和技术优势看，委托专业机构代为监测，应当是更有效率的自行监测义务履行方式。事实上，多数排污单位也是采取委托监测方式开展自行监测。因此，建立和规范环境监测技术服务市场，将是决定污染源能否有效履行自行监测义务的技术保障。

建立和规范环境监测技术服务市场的核心在于监测技术服务机构的规范化。从我国社会管理实践来看，目前亟须建立一套完善的环境监测技术服务资质管理体系，还需明晰排污单位和技术服务机构的法律关系。从内部关系看，双方属于合同关系，技术服务机构提供环境监测方面的专业服务，排污单位支付服务报酬。在与生态环境主管部门或公众的外部关系中，技术服务机构只是污染源企业的辅助人，不具有独立的法律地位；环境监测技术服务机构在自行监测中的瑕疵，被视为排污单位履行自行监测义务的瑕疵，进而会使排污单位因此而受到法律制裁。技术服务机构在监测过程中弄虚作假、违反技术规范时，也会受到处罚，但其原因不是未依法履行自行监测义务，而是违反技术服务管理规范。

3.6.3.2 技术指导

排污单位自行监测法律地位得到明确，自行监测制度初步建立，自行监测的有效实施还需要生态环境部门加强技术指导与服务保障，需要有配套的技术文件作为支撑，将自行监测要求进一步明确和细化，排污单位自行监测指南是基础而重要的技术指导性文件，此外，生态环境部门有针对性地举办自行监测技术培训，能够更好地解决企业开展自行监测过程中遇到的技术问题。

第 4 章

自行监测排放监测方案制定技术方法研究

排污单位自行监测方案制定是自行监测实施过程中的核心内容之一，排放监测是其中重要的组成部分。科学合理制定自行监测排放监测方案，是自行监测是否能够达到制度设计的主要目标，同时能够具有普遍操作性的核心要素。由于我国排污单位自行监测起步较晚，基础薄弱，相关研究十分不足。本书在对我国排污单位自行监测制定技术方法现状进行分析的基础上，针对现有方法中单因素的不足，提出排放源分级分类叠加污染物分级分类的监测方案制定技术方法。

本章对排放源分级分类叠加污染物分级分类的排放监测方案制定技术方法的技术路线，以及废气排放源、污染物分级分类方法，废水排放口、污染物分级分类方法进行介绍，并进行了案例介绍。

4.1　自行监测方案制定技术方法现状

4.1.1　污染源监测方案的基本要素

污染源监测是指对生产、生活和其他活动向环境排放污染物或者对环境产生不良影响的场所、设施和装置以及其他污染发生源的污染物排放状况实施监测，并进行分析和评价的过程。污染源监测的基本任务是及时、准确地提供污染源排放污染物的时空分布浓度和总量，详细描述污染物产生的工艺过程，评价污染源可能对环境和人体带来的潜在危害。从监测对象来说，污染源监测包括固定污染源/点源、面源、移动源等；从监测要素来说，污染源监测包括废水、废气、噪声等。其中以固定污染源/点源废水、废气监测为主。

污染源监测方案是为了客观、系统、全面掌握污染物排放情况、对周边环境质量的影响情况，及其变化规律，在开展监测活动前制定的工作计划，内容包括监测点位、监测指标、监测频次、采样和分析方法、质量保证与质量控制措施、评价标准、结果处理及报送等。

根据污染源排放特征，制定污染源监测方案首先应当根据污染物排放情况确定监测点位。监测点位与排放的污染物直接关联，也就决定了应当开展监测的污染物及相应的指标。对于具体的监测指标应当确定明确的监测频次，相同监测点位的不同监测指标可以有不同的监测频次，即监测频次应当针对具体的监测指标进行设定。不同的监测指标应当选择适当的采样和分析方法，并对应具体的评价标准，并进行相应的结果处理及报送。在制定监测方案过程中，应考虑全过程的质量保证与质量控制措施，以提高各个环节监测过程实施的规范性，保证监测数据质量。

对于污染源监测来说，根据我国现有标准规范体系设计，主要包括监测点位、监测指标、采样和分析方法、评价标准、结果处理及报送、质量保证与质量控制措施等要素，主要以污染物排放（控制）标准、监测技术规范、监测方法标准为依据，对于污染源监测方案制定技术方法研究来说，难点在于监测频次确定的技术方法，见图 4-1。

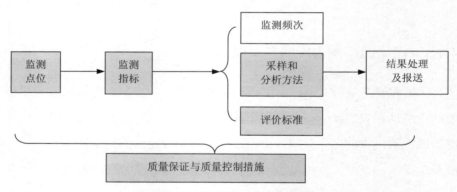

图 4-1　污染源监测方案的基本要素

4.1.2　排污单位自行监测相关内容状况

4.1.2.1　监测技术规范状况

监测技术规范是污染源监测开展的重要依据，也应当是污染源监测方案制定的重要技术指导。但由于长期以来，我国污染源监测重点在于监督性监测，而监督性监测更加注重单次监测活动的规范性。因此，监测技术规范主要立足于针对某类废水/废气，单个监测指标、单次监测的实施进行规范，对于一段时期内不同废水/废气、不同污染物指标应当如何开展监测并不涉及。

对于排污单位自行监测，单个监测指标、单次监测的实施应当按照监测技术规范开展，但对于排污单位自行监测如何确定一定时期内的监测频次更加重要，而这在监测技术规范中并不涉及。

4.1.2.2　监督性监测状况

污染源监督性监测的目的是通过监测服务污染源排放监管，主要存在两种情形：一是为了掌握特定监测对象某种排放特征或排放行为而开展的监测活动；二是为了对排污单位形成威慑而开展的监测活动。

对于第一种情形，主要是根据监测目的而设计的监测方案，如为了掌握生活垃圾焚烧厂二噁英的排放状况，可以定期对其开展监测，监测频次则根据监测需求和经费保障情况予以确定。

对于第二种情形，重点在于形成威慑，因此更加强调随机性。

与监督性监测相比，排污单位自行监测的重点在于通过监测说明自身排污状况及对周边环境质量的影响，这既不同于监督性监测第一种情形的目的较为单一，也不同于第二种情况强调随机性。

4.1.2.3　建设项目竣工环境保护验收监测状况

建设项目竣工环境保护验收监测目的是为了在建设项目正式投产前对其排放状况和污染治理状况进行全面监测，以初步判定建设项目是否有能力达到环境影响评价提出的各项要求。因此，建设项目竣工环境保护验收监测往往集中对各类排放源、排放因子开展监测，持续时间往往不长，各排放源、排放因子的频次区别不大。

排污单位自行监测与建设项目竣工环境保护验收监测最大的不同在于，前者为长期的活动、后者为一次集中的活动，这是由二者目的和定位不同决定的。

4.1.2.4　排污单位自行监测方案制定状况

（1）状况概述

排污单位自行监测方案制定主要存在两种情况：单从排放源角度考虑，排放源单因素为主的监测方案制定方法；单从污染物考虑，污染物单因素为主的监测方法制定方法。

对于排放源单因素为主的监测方案制定方法，多用于提出自动监测要求的情况，表现为根据排放源的污染贡献总体情况，不区分污染物排放特征而提出统一的监测频次要求。对于排放源的确定又存在两种情形：一是根据排放源的污染物产生机理确定；二是根据排放源的形态特征而确定。对于根据排放源的污染物产生机理确定排放源分类的，如 20 t/h 及以上蒸汽锅炉和 14 MW 及以上热水锅炉应安装污染物排放自动监测设备。对于根据排放源的形态特征而确定排放源分类的，如对于 45 m 以上排污口应实施自动监控。

对于污染物单因素为主的监测方案制定方法，多用于确定手工监测频次的情况，表现为根据污染物的重要性，不区分具体排放源排放特征而提出统一监测频次要求。如重金属排放日监测，化学需氧量、氨氮每日开展监测，二氧化硫、氮氧化物每周至少开展一次监测，颗粒物每月至少开展一次监测，二噁英每年至少开展一次监测等。

（2）存在的问题

对于排污单位自行监测方案制定状况，主要存在以下两个方面的问题：

第一，缺少方法学指导，各种规定过于零散，不成体系。尽管各种管理规定、标准规范中涉及部分自行监测方案制定相关的内容，但缺少方法学的指导，多因管理需求分别确定，散落于各种文件或标准。由于缺少统一的方法，且由各方分别确定，存在相互之间不匹配、不衔接等问题，甚至存在相互矛盾的情形。

第二，考虑因素过于单一，造成对某些情形适用性差的情况。由于对于特定对象，排放特征同时受排放源类型、污染物类型的影响，对于同类排放源不同污染物排放特征、同类污染物不同排放源排放特征均有可能不同，且这种情况非常普遍。因此，排放源单因素为主的监测方案制定方法、污染物单因素为主的监测方案制定方法均会造成对部分对象的"误伤"。如对于钢铁、电子行业排污单位等 COD、氨氮排放浓度较低或排放量不大的排放源，则存在要求过高的现象。

4.2　排放源分级分类叠加污染物分级分类的排放监测方案制定技术方法

4.2.1　总体技术路线

针对排放源、污染物单因素的排放监测方案制定技术方法存在的不足，将排放源和污染物两个因素叠加进行考虑，从而针对每类污染物的特征确定监测频次，形成具有多个层次差异的监测方案。

对于排放源和污染物两个因素，考虑到排放源跟生产设备对应性较强，同一排放源往往有多个污染物，因此以排放源作为两因素叠加的第一因素，在排放源的基础上叠加污染物，形成"排放源—污染物"矩阵，见图 4-2。

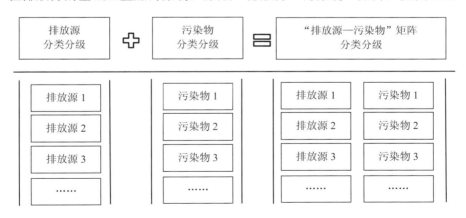

图 4-2　"排放源—污染物"矩阵

根据"排放源—污染物"矩阵，可以得到每个"排放源—污染物"的类别，在此基础上，进一步对"排放源—污染物"进行归类，设计分层次的监测频次，即赋予每类"排放源—污染物"的监测频次，从而形成排放源分级分类叠加污染物分级分类的排放监测方案。

根据本技术路线，确定排放源分级分类方法、污染物分级分类方法、监测频次分级是确定排放监测方案的技术要点。废气、废水在污染物"产生—治理—排放"上，呈现不同的特征，见图 4-3。废水污染物从产污单元到排放，中间往往经过车间废水的混合，并经集中处理后经排放口排放，排放较为集中，排放口也往往较少。废气污染物从产污到排放关联关系较强，往往从产污单元经过独立治理后经产污设备对应的排放口排放，正是由于较少集中治理排放，废气排放口往往较多。这在应用排放源分级分类叠加污染物分级分类的排放监测方案制定技术方法上，会存在差异。对于废水应立足排放口进行分级分类，而废气应立足排放源分级分类，因此以下将分别针对废气、废水进行研究。

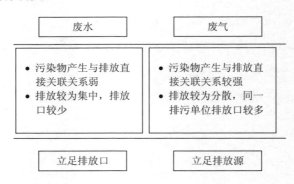

图 4-3　废水、废气排放特征对比

4.2.2　废气技术要点

4.2.2.1　废气污染源技术路线

同一排污单位可能存在很多废气排放源，不同排放源的排放特征和贡献率存在差异。以水泥企业为例，一条新型干法水泥窑生产线（见图 4-4）

可能存在近 50 个废气排放口；对于钢铁、石化企业来说，因所含工序较多，涉及的排放源种类更多（见表 4-1，表 4-2），排污口数量从几十到几百不等。而这些排污口所排放的废气来源不同，污染物种类和排放水平有所差异，对废气排放源、废气污染物进行合理的分级分类，在此基础上制定自行监测方案，才能提高监测方案的科学性。

表 4-1　钢铁企业各生产工序排放口类型及污染物指标

生产工序	排放口类型	污染物种类
原料系统	供卸料设施、转运站、其他设施排气筒	颗粒物
烧结	配料设施、整粒筛分设施排气筒	颗粒物
	烧结机机头排气筒	颗粒物、二氧化硫、氮氧化物、氟化物、二噁英类
	烧结机机尾排气筒	颗粒物
	破碎设施、冷却设施及其他设施排气筒	颗粒物
球团	配料设施排气筒	颗粒物
	焙烧设施排气筒	颗粒物、二氧化硫、氮氧化物、氟化物、二噁英类
	破碎、筛分、干燥及其他设施排气筒	颗粒物
炼焦	精煤破碎、焦炭破碎、筛分、转运设备排气筒	颗粒物
	装煤地面站排气筒	颗粒物、二氧化硫、苯并[a]芘
	推焦地面站排气筒	颗粒物、二氧化硫
	焦炉烟囱	颗粒物、二氧化硫、氮氧化物
	干法熄焦地面站排气筒	颗粒物、二氧化硫
	粗苯管式炉、半焦烘干和氨分解炉等燃用焦炉煤气的设施排气筒	颗粒物、二氧化硫、氮氧化物
	冷鼓、库区焦油各类贮槽排气筒	苯并[a]芘、氰化氢、酚类、非甲烷总烃、氨、硫化氢
	苯贮槽排气筒	苯、非甲烷总烃
	脱硫再生塔排气筒	氨、硫化氢
	硫铵结晶干燥排气筒	颗粒物、氨
炼铁	矿槽排气筒	颗粒物
	出铁场排气筒	颗粒物、二氧化硫
	热风炉排气筒	颗粒物、二氧化硫、氮氧化物
	煤粉系统及其他设施排气筒	颗粒物

生产工序	排放口类型	污染物种类
炼钢	转炉二次烟气排气筒	颗粒物
	转炉三次烟气排气筒	颗粒物
	电炉烟气排气筒	颗粒物、二噁英类
	石灰窑、白云石窑焙烧排气筒	颗粒物、二氧化硫、氮氧化物
	转炉一次烟气、铁水预处理（包括倒罐、扒渣等）、精炼炉、连铸切割及火焰清理、钢渣处理及其他设施排气筒	颗粒物
	电渣冶金排气筒	氟化物
轧钢	热处理炉排气筒	颗粒物、二氧化硫、氮氧化物
	热轧精轧机排气筒	颗粒物
	拉矫机、精整机、抛丸机、修磨机、焊接机及其他设施排气筒	颗粒物
	轧制机组排气筒	油雾
	废酸再生排气筒	颗粒物、氯化氢、硝酸雾、氟化物
	酸洗机组排气筒	氯化氢、硫酸雾、硝酸雾、氟化物
	涂镀层机组排气筒	铬酸雾
	脱脂排气筒	碱雾
	涂层机组排气筒	苯、甲苯、二甲苯、非甲烷总烃

表 4-2 石油炼制企业有组织废气类型

序号	装置种类	装置名称
1	工艺加热炉	常压加热炉、减压加热炉、延迟焦化加热炉、蜡油加氢加热炉、催化裂化加热炉、柴油精制加热炉、航煤精制加热炉、重整抽提加热炉、异构化加热炉、制氢加热炉
2	锅炉	自备电厂锅炉、动力锅炉
3	工艺尾气排放	催化裂化再生烟气、酸性气回收装置、重整催化再生烟气、氧化沥青装置焚烧炉
4	有机废气排放	废水处理有机废气收集装置、其他有机废气处理
5	装置非正常生产工况排放	火炬

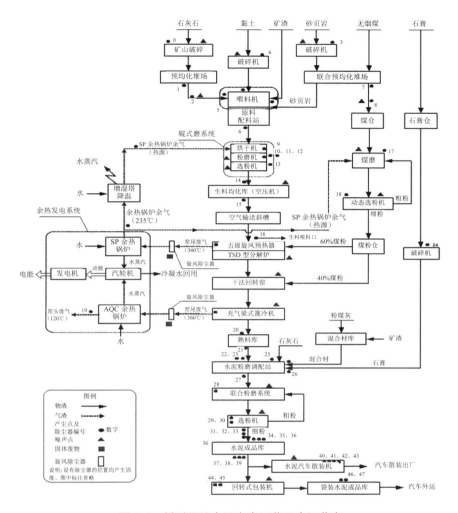

图 4-4　新型干法水泥生产工艺及产污节点

　　根据废气排放源的特征，在制定自行监测方案时，应首先对废气排放源及污染物指标进行梳理，在此基础上对排放源进行分级分类，确定主要排放源和一般排放源。由于排放源与排污口紧密关联，在排放源分级分类的同时，也即实现了对排污口的分级分类。排污口与监测点位紧密关联，对于每类排污口（监测点位）因涉及多种污染物指标，对于主要排污口还应进行污染物分级分类，而一般排污口由于对全厂排放贡献率较低，再进行污染物分级分类的意义不大。在对排污口进行分级分类、污染物分级分类的基础上，对监测频次进行分级，从而实现主要排污口监测要求高于一般排污口、主要污染物监测要求高于非主要污染物的目标，形成分层次、可操作的自行监测排放监测方案。废气排放源监测方案制定技术路线见图4-5。

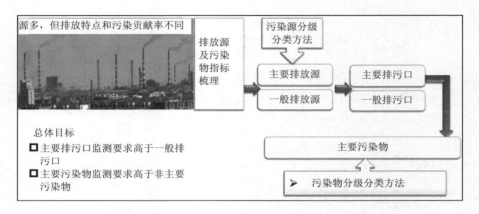

图 4-5　废气排放源监测方案制定技术路线

4.2.2.2　排放源分级分类方法

对于废气排放源，首先按照单个排放源污染物排放水平将其分为主要污染源和一般污染源两个大的级别。主要排放源是指单个排放源排放量较大，在行业排放总量中贡献率高的排放源。一般排放源是指单个排放源排放量较小，对行业排放总量贡献率较低的排放源。考虑到同一行业排放源差异大，对于主要排放源和一般排放源，都可以根据实际情况，进一步细分排放源的级别，如进一步划分为一级主要排放源、二级主要排放源、一级一般排放源、二级一般排放源等。

对于排放源分级分类难点在于科学确定主要污染源与一般污染源的划分界限。对此，本书提出两种主要污染源确定的方法，分别为单源标杆法和多源"监测点个数—排放量占比"曲线切线斜率法。

（1）单源标杆法

单源标杆法适用于同一企业中同类排放源数量少的情况，如造纸行业碱回收炉、某些行业的焚烧装置等，在确定这类排放源是否为主要排放源时，可以采用标杆法。这种方法需要先给定可参照的标杆，在确定某类排放源是否为主要排放源时，可通过对该类排放源的废气排放量、污染物浓度、排放量与标杆进行对比予以确定。若排放量超过标杆，则可将其划定为主要排放源；若排放量未达到标杆的水平，则可以将其划定为主要排放源。该方法的重点在于确定合适和相对明确的标杆。

根据废气排放源常见分类方式，固定污染源主要有燃料燃烧源、工艺过程源、溶剂使用源等几种类型，可分类设定标杆。

对于燃料燃烧源，参照《锅炉大气污染物排放标准》（GB 13271—2014）中规定，20 t/h 及以上蒸汽锅炉和 14MW 及以上热水锅炉应安装污染物排放自动监控设备，故将单台出力 14MW 或 20 t/h 燃煤锅炉作为单纯燃料燃烧源的标杆。

对于溶剂使用源，主要涉及挥发性有机物，这与挥发性有机溶剂使用量有关，可以把一定规模的挥发性有机溶剂使用量作为标杆。由于挥发性有机物的研究基础与燃料燃烧源相比较弱，暂以 10 t 油性漆使用量作为溶剂使用源的标杆。

对于工艺过程源，既涉及燃料燃烧相关的污染物，也可能涉及挥发性有机物。因此，对于涉二氧化硫、氮氧化物、颗粒物的工艺过程源，可参照燃料燃烧源的标杆；对于涉挥发性有机物的工艺过程源，可参照溶剂使用源的标杆。

（2）多源"监测点个数—排放量占比"曲线切线斜率法

多源"监测点个数—排放量占比"曲线切线斜率法适用于同一污染物有数量较多的排放源的情况。同一污染物有数量较多排放源的情况下，如何选择合适的主要排放源和一般排放源分界线，以实现尽可能少的监测成本覆盖尽可能多的排放量，是监测方案制定的关键问题。

这种方法在应用时，首先对同类排放源进行归类，得出同类排放源的数量和排放量情况，从而画出"监测点个数—排放量占比"曲线，进而寻找"监测点个数—排放量占比"曲线切线斜率的突变点，将切线斜率的突变点所对应的点作为划分主要排放源和一般排放源，以及进一步细分排放源级别的分界线，见图4-6。

4.2.2.3 污染物分级分类方法

对于主要污染源，若涉及多种污染物，则应进一步确定主要污染源的主要污染物。为了便于确定主要污染物，首先将污染物进行分类。对污染物的分类主要从两个角度进行考虑：一是对环境质量的影响情况；二是对人体健康的影响情况。

对环境质量的影响来说，重点考虑对环境质量 6 项基本项目的影响，且结合污染源排放形式多样性的特点，优先考虑采用综合性的指标进行表征。由于这类污染物与环境质量 6 项基本项目具有一定对应性，社会公众关注度和熟悉度较高，将其统称为一般污染物，具体包括二氧化硫（主要对应空气质量评价指标二氧化硫，与一氧化碳和 $PM_{2.5}$ 有关联）、氮氧化物（主要对应空气质量评价指标二氧化氮，与一氧化碳和 $PM_{2.5}$ 有关联）、颗粒物（主要对应空气质量评价指标 $PM_{2.5}$、PM_{10}）、挥发性有机物（主要对应空气质量评价指标臭氧）等 4 项污染物指标。

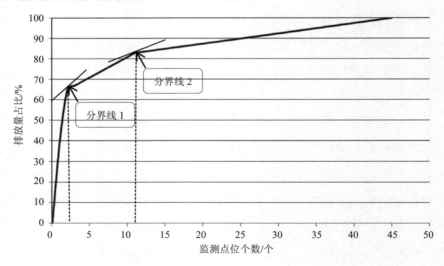

图 4-6 "监测点个数—排放量占比"曲线切线斜率法示意

对于人体健康的影响情况来说，考虑到污染物对人体多有不同程度的影响，且存在一定的未知性，为了使其具有参考性和可操作性，必须限定在一定范围内，因此以《有毒有害大气污染物名录》为依据，列入其中的统称为有毒污染物。

一般污染物、有毒污染物之外的污染物，统称为其他。由于一般污染物、有毒污染物都有确定的范围，只要未列入其中的，都归为其他，见图4-7。

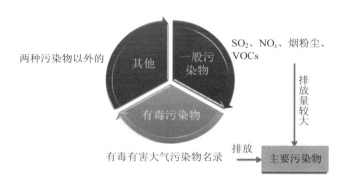

图 4-7　废气污染物分类

随着管理和研究的进展，可调整一般污染物、有毒污染物的范围，但仍应是确定的范围。

在上述分类基础上，筛选主要污染物，可按照以下条件进行：

第一，二氧化硫、氮氧化物、颗粒物（或烟尘/粉尘）、挥发性有机物中排放量较大的污染物指标，可参照排放源分级分类中的单源标杆法，以其中标杆排放量作为标杆予以确定；

第二，《有毒有害大气污染物名录》中列明的污染物，且在日常平均生产工况下能够检出的污染物；

第三，排污单位所在区域环境质量超标的污染物指标（环境质量 6 项基本项目之外）。

4.2.2.4　监测频次分级

确定监测频次分级时，主要考虑监测成本和监测需求的平衡性。

监测成本是监测人力和其他投入的综合体现。对于废气排放监测，单次监测所花费的人力时间较大，由于需要首先对仪器设备进行调试，并完成至少一个小时的采样或分析测试，加上各种其他准备工作，开展一个多项目的点位监测，往往现场就需要花费 2～3 人半天时间。加上部分项目还需要进行实验室分析，那么综合耗时往往较大，故对于手工监测往往不宜提出过高的频次要求。

对于监测需求，除了考虑是否为主要污染物，还需要考虑排放的稳定性，是否存在影响排放的因素，例如，若无污染物治理设施，排放相对稳定，那么单次监测的代表性较强，则不需要考虑过高的监测频次要求。

综合以上因素，并结合废气排放监测经验情况，将废气排放监测频次分级设定为自动监测、月、季度、半年、年等五个等级。对于排放量贡献大，且自动监测技术成熟的主要污染源的主要污染物指标，可考虑自动监测；对于排放量贡献相对小或无法实施自动监测的主要污染源的主要污染物指标，按月—季度频次；对于非主要污染源的污染物指标，按照半年—年的频次；若有必要，对于数量特别多、排放量贡献率很低的污染源的污染物指标，也可考虑进一步将监测频次降低至两年。

4.2.3　废水技术要点

4.2.3.1　废水污染源技术路线

对于废水污染源，污染物产生与排放之间的直接关联较弱，因此与废气污染源不同，不再对排放源进行分类，而是直接立足排污口进行分类分级，这也是与排放标准相匹配的。考虑到废水排放口数量与废气相比较少，与废气污染源不同，不再区分主要排污口，而是根据排污口位置和排放去向对排污口进行分级分类。在对排污口进行分级分类、污染物分级分类的基础上，对监测频次进行分级，从而实现主要污染物监测要求高于非主要污染物的目标，形成分层次、可操作的自行监测排放监测方案。废水排放源监测方案制定技术路线见图 4-8。

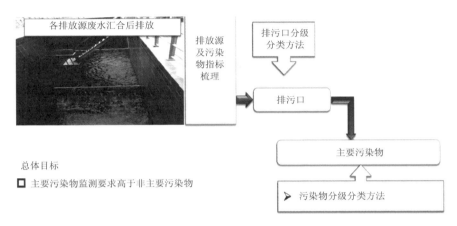

图 4-8　废水排放源监测方案制定技术路线

4.2.3.2　排污口分级分类方法

根据废水排放口的监控位置、废水类型，目前我国对废水排放口的分类包括车间排放口（含专门处理车间废水的处理设施排放口）、雨水排放口、单独的生活污水排放口、企业废水总排放口。废水总排放口又可分为直接排放的废水总排放口和间接排放的废水总排放口。

由废水中所含污染物较为复杂，废水排放口分级方法也较为复杂，从便于操作的角度，将其简化为名录法，即以重点排污单位名录为依据，以是否纳入重点排污单位名录作为划分排污口级别的依据。由此，可以得到废水排放口分级分类框架，见图 4-9。

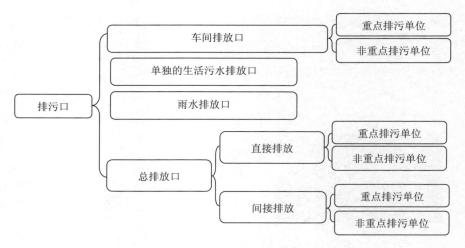

图 4-9　废水排放口分级分类

4.2.3.3　污染物分级分类方法

　　废水污染物的分级分类同废气，也是从对环境质量影响和对人体健康影响两个角度考虑。

　　对于环境质量影响，重点考虑废水中的综合性指标，根据我国环境管理基础和废水排放标准中普遍涉及的污染物指标，筛选出化学需氧量、生化需氧量、氨氮、总磷、总氮、悬浮物、石油类等 7 种综合性污染物指标，统称为一般污染物。

　　对于人体健康影响，同废气，以《有毒有害水污染物名录》为依据。

　　与废气污染物分类类似，一般污染物、有毒污染物之外的污染物，统称为其他。由于一般污染物、有毒污染物都有确定的范围，只要未列入其中的，都归为其他，见图 4-10。

　　与废气污染物分类相同，随着管理和研究进展，可调整一般污染物、有毒污染物的范围，但仍应是确定的范围。

　　在上述分类基础上，筛选主要污染物，可按照以下条件进行：

　　第一，化学需氧量、五日生化需氧量、氨氮、总磷、总氮、悬浮物、石油类中排放量较大的污染物指标；

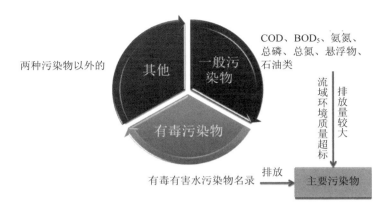

图 4-10　废水污染物分类

第二，污染物排放标准中规定的监控位置为车间或生产设施废水排放口的污染物指标，《有毒有害水污染物名录》中列明的污染物，且在日常平均生产工况下能够检出的污染物；

第三，排污单位所在流域环境质量超标的污染物指标（一般污染物以外指标）。

4.2.3.4　监测频次分级

废水监测频次分级所考虑的因素与废气类似。同时考虑到，一般来说废水监测所耗人力与废气相比相对较少，尤其是对于一般污染物，因此在监测频次分级节点上有所调整。

废水排放监测频次分级设定为自动监测、日、月、季度、半年、年 6 个等级。对于重点排污单位，排放量贡献大且自动监测技术成熟的主要污染物指标，可考虑自动监测；对于排放量贡献相对小或无法实施自动监测的主要污染物指标，按日—月频次；对于其他污染物指标，按照半年—年的频次。对于非重点排污单位，主要污染物指标可考虑按季度开展监测，其他污染物指标按年开展监测。对于监控位置非车间排放口的污染物指标，间接排放企业的监测频次可以较直接排放企业的监测频次有所降低。

4.3 案例介绍

4.3.1 废气单源标杆法应用案例

以造纸行业碱回收炉为例。

在确定造纸行业碱回收炉是否应当确定为主要污染源时，可以采用单源标杆法，将其排放水平与 20 t/h 的燃煤锅炉进行对比。以某年度全国监督性监测数据进行分析，结果见表 4-3。

表 4-3　碱回收炉与锅炉排放水平对比

污染物指标	碱回收炉		20 t/h 燃煤锅炉	
	浓度/（mg/m³）	排放量/（t/a）	浓度/（mg/m³）	排放量/（t/a）
氮氧化物	123.3	201.1	176.6	105.2
二氧化硫	112.1	183.0	297.0	176.9
烟尘（颗粒物）	31.2	50.9	80.8	48.1
平均废气排放量/（万 m³/h）	18.6		6.8	

由表 4-3 可以看出，碱回收炉污染物浓度水平较 20 t/h 燃煤锅炉低，但废气量较大，据此估算的全年排放量较 20 t/h 燃煤锅炉略大，其中氮氧化物明显大于 20 t/h 燃煤锅炉排放量，因此将碱回收炉划定为主要污染源。

特别说明，表 4-3 中碱回收炉的数据为全国总体平均水平，单个碱回收炉的排放水平与碱回收炉的规模有关，若要在企业层面进行精细化设计，可以根据企业碱炉的实际情况进行估算和对比。

4.3.2 废气多源"监测点个数—排放量占比"曲线切线斜率法应用案例

以水泥行业新型干法生产工艺为例。

水泥行业颗粒物排放源数量较多，适宜采用"监测点个数—排放量占比"曲线切线斜率法。根据生产类型，将水泥企业分三大类梳理监测点位。一是水泥制造类，监测点位主要包括：水泥窑及窑尾余热利用系统排气筒；水泥窑窑头（冷却机）排气筒；烘干机、烘干磨、煤磨排气筒；破碎机、磨机、包装机排气筒；输送设备及其他通风生产设备的排气筒。二是矿山开采类，监测点位主要包括：破碎机排气筒和输送设备及其他通风生产设备的排气筒。三是散装水泥中转站及水泥制品生产类，主要监测点位为水泥仓及其他通风生产设备的排气筒。

对所有点位按照排放量贡献率从大到小排序，由此可以做出"监测点个数—排放量占比"。从图 4-11 可以看出横坐标为 2 的位置为切线斜率最明显的突变点，这个位置对应的排放源适宜作为一个分界线。横坐标 2～17之间曲线斜率有不太明显的变化，但较横坐标 17 之后的切线斜率明显偏大，故可以将此位置对应的排放源作为第二个分界线。

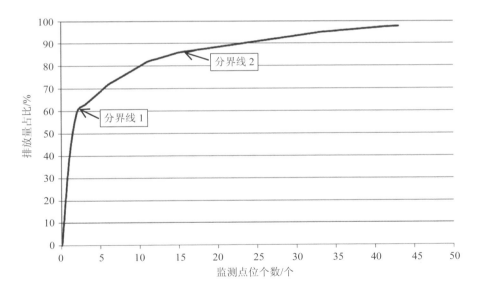

图 4-11　水泥行业"监测点个数—排放量占比"曲线

与之相对应，进一步对应水泥行业的排放源。第一个分界线之内的为水泥窑窑尾窑头两个监测点位，这两个排污口对应的颗粒物排放贡献率最大。第一个和第二分界线之间是磨机、包装机、破碎机等排放源，这类排放源排放量贡献率介于水泥窑窑头窑尾和其他排放源。第二个分界线之后是输送设备及其他通风生产设备,这类排放源数量大,但贡献率较小。

同时考虑到横坐标 2～17 之间曲线斜率变化不大,横坐标 17 之后的监测点位数量较大,故对横坐标 2～17 之间的磨机、包装机、破碎机等排放源按对应到半年的监测频次,输送设备及其他通风生产设备的排气筒监测频次按两年处理。最低监测频次见表 4-4。

表 4-4 水泥排污单位有组织废气最低监测频次

生产过程	监测点位	监测指标	监测频次 [a]
水泥制造	水泥窑及窑尾余热利用系统排气筒	颗粒物、氮氧化物、二氧化硫	自动监测
		氨 [b]	季度
		氟化物(以总 F 计)、汞及其化合物	半年
	水泥窑窑头(冷却机)排气筒	颗粒物	自动监测
	烘干机、烘干磨、煤磨排气筒	颗粒物、二氧化硫 [c]、氮氧化物 [c]	半年 [d]
	破碎机、磨机、包装机排气筒	颗粒物	半年 [d]
	输送设备及其他通风生产设备的排气筒	颗粒物	两年
矿山开采	破碎机排气筒	颗粒物	半年 [d]
	输送设备及其他通风生产设备的排气筒	颗粒物	两年
散装水泥中转站及水泥制品生产	水泥仓及其他通风生产设备的排气筒	颗粒物	两年

注:废气监测须按照相应监测分析方法、技术规范同步监测烟气参数。

[a]:重点控制区可根据管理需要适当增加监测频次;

[b]:适用于使用氨水、尿素等含氨物质作为还原剂,去除烟气中氮氧化物的工艺;

[c]:适用于采用独立热源的烘干设备或利用窑尾余热烘干经独立排气筒排放的工艺;

[d]:排污单位应合理安排监测计划,保证每个季度相同种类治理设施的监测点位数量基本平均分布。

4.3.3　废水监测方案制定方法应用案例

以农副食品加工行业为例。

综合考虑排污单位的生产规模、生产周期、自行监测经济成本以及对环境的影响风险，突出重点，在监测频次的制定上，按照直排和间排、重点排污单位和非重点排污单位做了区分。基本原则为重点排污单位监测频次高于非重点排污单位，相同控制级别的排污单位，直排的排污单位监测频次高于间排排污单位。

除木薯淀粉废水外，农副食品加工业废水属于典型的高有机、高氮的废水，且通常含有较高浓度的悬浮物和磷化物，一般可生化性较好。根据水质特点及环境管理规定，确定农副食品加工业废水主要监测指标为 pH、化学需氧量、五日生化需氧量、氨氮、总磷、总氮、悬浮物。

根据最新的《水污染防治法》第二十三条规定，"实行排污许可管理的企业事业单位和其他生产经营者应当按照国家有关规定和监测规范，对所排放的水污染物自行监测，并保存原始监测记录。重点排污单位还应当安装水污染物排放自动监测设备，与环境保护主管部门的监控设备联网，并保证监测设备正常运行"。排污许可证核发需核算化学需氧量、氨氮的总量。目前，pH、化学需氧量、氨氮在线监测及比对技术成熟，重点排污单位不论排放去向，pH、化学需氧量、氨氮监测频次为连续监测。非重点排污单位，直排企业和间排企业监测频次分别为 1 次/季度和 1 次/半年。

总氮、总磷是总量控制指标。《制糖工业水污染物排放标准》（GB 21909—2008）和《淀粉工业水污染物排放标准》（GB 25461—2010）有明确的限值规定。目前，全国地表水污染状况比较严重，尤其是氮、磷污染问题突出；城市生活污水处理厂排水水质总磷、总氮超标情况也比较严重。植物油加工过程中，酸炼生产工艺存在磷酸盐添加，在实际调研过程中，部分排污单位总磷不能稳定达标。因此，所有重点排污单位，总氮和总磷监测频次定为每月监测；水环境质量中总氮（无机氮）/总磷（活性磷酸盐）超标的流域或沿海地区，或总氮/总磷实施总量控制区域，提高监测频次为每日监测。非重点排污单位直排企业按照季度开展自行监测，间排企业监测频次为 1 次/半年。

在《肉类加工工业水污染物排放标准》（GB 13457—92）、《制糖工业水污染物排放标准》（GB 21909—2008）和《淀粉工业水污染物排放标准》（GB 25461—2010）都明确规定了五日生化需氧量和悬浮物的排放限值。五日生化需氧量监测相对复杂、耗时，且已对化学需氧量提出较高监测频次的要求，综合考虑，重点排污单位五日生化需氧量监测频次定为直排企业 1 次/月，间排企业监测频次为 1 次/季度；非重点排污单位直排企业监测频次为 1 次/季度，间排企业监测频次为 1 次/半年。《肉类加工工业水污染物排放标准》（GB 13457—92）中规定了色度的排放限值；在实际调研过程中，发现农副食品及工业废水普遍带有一定的颜色，容易引起公众感观反应，其测试技术相对简单。悬浮物、色度监测频次同生化需氧量要求。

另外，《肉类加工工业水污染物排放标准》（GB 13457—92）中还规定了动植物油、大肠杆菌的控制限值；《淀粉工业水污染物排放标准》（GB 25461—2010）中规定了对以木薯为原料的淀粉加工企业总氰化物的控制限值；《水产品加工业水污染物排放标准（征求意见稿）》中规定了动植物油的控制限值。因此，针对特殊工艺或行业提出污染物监测要求：以木薯为原料的淀粉工业排污单位应监测总氰化物；植物油加工、屠宰及肉制品加工、水产品加工等生产过程涉及动植物油排放的单位，应监测动植物油；屠宰及肉类加工的排污单位应监测大肠杆菌；甜菜制糖排污单位监测粪大肠菌群。重点排污单位，直排企业监测频次为 1 次/月，间排企业监测频次为 1 次/季度；非重点排污单位，直排企业监测频次为 1 次/半年，间排企业监测频次为 1 次/年。

实际调研发现，有禽类屠宰排污单位存在禽类羽毛的清洗工艺，清洗废水与屠宰废水进行混合、进入综合污水处理站，处理后排放，涉及阴离子表面活性剂的排放，另外部分排污单位使用氯消毒，过量的阴离子表面活性剂和氯化物直排到环境，可能对地表水体的自然生态环境造成影响。因此，重点排污单位中，直排企业总余氯、阴离子表面活性剂监测频次为 1

次/季度;非重点排污单位,直排企业总余氯、阴离子表面活性剂监测频次为 1 次/半年;间排企业可不开展监测。

单独排向外环境的生活污水,须监测流量、pH、化学需氧量、氨氮、总氮、总磷、悬浮物、五日生化需氧量、动植物油。监测频次同废水总排口。

农副食品加工业排污单位废水排放口监测指标及最低监测频次见表 4-5。

表 4-5 农副食品加工业排污单位废水排放监测点位、监测指标及最低监测频次

排污单位级别	监测点位	监测指标	监测频次		备注
			直接排放	间接排放	
重点排污单位	废水总排放口	流量、pH、化学需氧量、氨氮	自动监测	自动监测	适用于所有的农副食品加工排污单位
		总磷	月(自动监测 a)	月(自动监测 a)	
		总氮	月(日 b)	月(日 b)	
		色度、悬浮物、五日生化需氧量	月	季度	
		总氰化物	月	季度	适用于以木薯为原料的淀粉及淀粉制品制造排污单位
		动植物油	月	季度	适用于植物油加工、屠宰及肉制品加工、饲料加工、蔬菜加工、水产品加工、豆制品加工等生产过程涉及动植物油排放的排污单位
		大肠菌群数	月	季度	适用于屠宰及肉类加工排污单位
		粪大肠菌群数	月	季度	适用于甜菜制糖、蛋品加工等生产过程涉及粪大肠菌排放的排污单位
		总余氯	季度	—	适用于生产过程或废水处理过程中使用含氯物质并直排环境水体的排污单位
		阴离子表面活性剂	季度	—	适用于生产过程使用阴离子表面活性剂的排污单位

排污单位级别	监测点位	监测指标	监测频次		备注
			直接排放	间接排放	
重点排污单位	生活污水排放口	流量、pH、化学需氧量、氨氮	自动监测	自动监测	适用于所有的农副食品加工排污单位
		总磷	月（自动监测 a）	月（自动监测 a）	
		总氮	月（日 b）	月（日 b）	
		悬浮物、五日生化需氧量、动植物油	月	—	
非重点排污单位	废水总排放口	流量、pH、化学需氧量、氨氮、总氮、总磷、悬浮物、色度、五日生化需氧量	季度	半年	适用于所有的农副食品加工排污单位
		总氰化物、动植物油、大肠菌群数、粪大肠菌群数	季度	半年	根据行业类型及原料工艺确定监测指标，同重点排污单位
		阴离子表面活性剂、总余氯	半年	—	
	生活污水排放口	流量、pH、化学需氧量、氨氮、总氮、总磷、悬浮物、五日生化需氧量、动植物油	季度	半年	适用于所有的农副食品加工排污单位

注：a 水环境质量中总磷实施总量控制区域及氮磷排放重点行业（屠宰及肉类加工、淀粉及淀粉制品制造等）的重点排污单位，总磷须采取自动监测。

  b 水环境质量中总氮实施总量控制区域及氮磷排放重点行业（屠宰及肉类加工、淀粉及淀粉制品制造等）的重点排污单位，总氮最低监测频次按日执行，待自动监测技术规范发布后，须采取自动监测。

第5章

周边环境质量影响监测方案制定要点研究

排污单位周边环境质量影响监测，既不同于排放监测，也与环境质量监测有所差异，其目的是为了识别排污单位排放行为对周边环境质量的影响状况，从而更好地说清自身排污状况，也能起到事故防范、风险预警的作用。在相关法律法规和管理规定的推动下，部分排污单位开展了周边环境质量影响监测，但由于相关技术研究薄弱，开展过程中存在各种问题。为了解决排污单位自行监测过程中的周边环境质量影响监测存在的技术难题，立足排污单位周边环境质量影响监测的主要目的，提出周边环境质量影响监测的基本思路，并探索性地提出周边环境质量影响监测的部分技术要点，以期为相关研究和实际应用提供借鉴。

5.1　开展周边环境质量影响监测的目的和意义

5.1.1　周边环境质量影响监测的含义

排污单位周边环境质量影响监测，是指排污单位通过对周边环境质量开展监测，获得周边环境质量动态变化状况，从而评估和识别排污单位的排污行为对周边环境质量的影响状况。

周边环境质量影响监测，不是单纯的环境质量状况监测，因为其主要目的不是为了获得周边环境质量的状况，而是重点在于识别自身排污状况对周边的影响状况，包括排除本单位排污对周边环境质量有影响的情形。

周边环境质量影响监测，也不同于无组织排放监测，无组织排放监测隶属于排放监测的范畴，目的是为了获得污染物通过无组织形式排放的情况。

5.1.2　开展周边环境质量影响监测的目的和意义

5.1.2.1　说清排放状况的重要内容

污染防治的目的是为了保护环境质量，由于排放监测具有一定的局限性，而与排放监测相比，对于周边影响群体来说，周边环境质量监测更加直观和综合，用周边环境质量影响监测结果来反映污染排放的影响状况可信度更高。因此，对于排污单位来说，一旦出现举报、纠纷等情况，能出具周边环境质量影响状况监测数据，也更能够为自身污染治理状况进行辩护，在国外也存在这种情况。

加拿大相关环境法规要求企业必须对周边环境质量进行监测。加拿大某铅锌冶炼公司高度重视污染排放监测工作，除对企业废气排放口开展污染物排放监测外，还根据企业周边环境敏感区的分布情况有针对性地设置环境空气质量监测点，对包括汞在内的各项污染物浓度进行监控。例如，排污许可证要求该公司每天对居民接受点进行环境质量监测，但该公司认为每天一次监测不能完全反映情况，为保证环境质量随时符合要求，公司自觉每小时采样监测，这种做法使得企业可以及时掌握本企业污染排放对周边环境质量的影响情况，以便及时调整生产安排，并有针对性地采取措施防止因企业排污造成的环境质量恶化和污染事故发生，既保障了周边居民身体健康和环境质量安全，又保障了企业的正常生产活动。

美国废水排污许可制度中，也有对排污单位开展受纳水体监测的要求。

5.1.2.2　事故防控、风险预警的需要

突发环境事件，有很多是长期污染排放累积的结果，如多地发生的血铅污染事件，都是因为工业企业排放对周边环境质量造成影响，进而影响了周边居民的身体健康。

排污单位开展自行监测对自身排污状况定期监控，同时加上必要的周边环境质量影响监测，及时掌握自身实际排污水平和对周边环境质量的影响，以及周边环境质量的变化趋势和承受能力，可以及时识别潜在环境风险，以便提前应对，避免引起更大的、无法挽救的环境事故，对人民群众、生态环境和排污单位自身造成巨大的损害和损失。

5.2　周边环境质量影响监测开展情况

5.2.1　相关法律法规的要求

本书在 2013 年前后开展自行监测制度体系框架研究时，提出排污单位应当开展周边环境质量影响监测，相关研究见本书第 3 章。相关研究结果被 2013 年发布的《国家重点监控企业自行监测及信息公开办法（试行）》采纳。之后，随着相关研究的推进，各方对周边环境质量影响监测的认识逐步达成一致，并在上位法中得到体现。

2015 年修订的《大气污染防治法》第七十八条规定："排放有毒有害大气污染物的企业事业单位，应当按照国家有关规定建设环境风险预警体系，对排放口和周边环境进行定期监测，评估环境风险，排查环境安全隐患，并采取有效措施防范环境风险。"

2017 年修订的《水污染防治法》第三十二条规定："排放有毒有害水污染物的企业事业单位和其他生产经营者，应当对排污口和周边环境进行监测，评估环境风险，排查环境安全隐患，并公开有毒有害水污染物信息，采取有效措施防范环境风险。"

5.2.2　周边环境质量影响监测开展情况

5.2.2.1　开展情况

根据《国家重点监控企业自行监测及信息公开办法（试行）》及相关要求，部分排污单位依据环境影响评价及相关要求，已经在开展周边环境影响监测，据不完全统计，已发放排污许可证的排污单位，开展周边环境质量影响监测及与国家进行监测数据联网的情况见表 5-1。

表 5-1　开展周边环境质量影响监测的情况　　　　　　　　单位：家

序号	环境介质	开展周边环境质量影响监测的企业数	监测数据联网企业数
1	环境空气	869	425
2	地表水	207	104
3	地下水	335	192
4	土壤	186	84
5	环境噪声	123	72

注：范围为已发放排放许可证的单位，时间截至 2019 年 4 月 30 日。

5.2.2.2　存在的问题

（1）监测内容确定原则目前尚不明确

因排污单位周边环境质量监测的特殊性，监测点位设置、监测因子选择和监测频次确定均无完全适合的现行监测技术规范可遵循，因此必须明确监测原则，填补技术规范空白，才能规范和统一排污单位周边环境质量影响监测，使排污单位制定周边环境质量影响监测方案有据可依。

（2）现有监测技术规范存在不适用性

排污单位周边环境质量影响监测不同于排污单位周界无组织监测，也不同于常规性的环境质量监测。因此无组织监测相关监测技术规范要求、环境质量标准及监测技术规范要求均不完全适用于用排污单位周边环境质量影响监测技术。

首先从空间上看，它属于污染源和环境之间的过渡地带，其次从时间上看，污染源排放污染物的长期累积影响会在一定时间后在环境质量上呈现反馈效应。因此，排污单位周边环境质量影响监测既要与污染物排放监测相关，又不适用排污单位周界无组织监测技术规范，又不能受限于常规环境质量监测技术规范要求。

（3）周边环境质量监测结果与排污关联性分析困难

目前，是否开展排污单位周边环境质量监测争议的焦点在于测了怕说不清，虽然相关法律法规对排污单位开展周边环境质量监测的责任有所规定，但这项工作一直是排污单位不愿触及甚至有些监测机构及管理部门也不愿触及的区域，原因就是怕测了说不清到底是不是排污单位的影响，哪家的影响更大。因此，必须对这个问题进行研究，从监测内容、点位设置等方面尽可能使污染排放与周边环境质量监测结果的关联性加强，逐渐推动排污单位完成好周边环境质量监测工作。

5.3　周边环境质量影响监测方案制定的基本思路和要点

5.3.1　周边环境质量影响监测方案制定的难点

周边环境质量影响监测的难点和要点在于，如何科学设计监测方案，能够通过监测识别排放对环境质量的影响。其中，监测点位设置、监测指标的选择、频次的确定、数据评价方法是监测方案中的四个核心内容，都应当围绕着便于识别排放对周边环境质量影响这一要素。

5.3.1.1　监测点位的范围和数量确定

开展周边环境质量影响监测，既要能够获得排除排污单位影响的环境质量状况，又要能够抓住排污单位对周边环境质量影响的"峰值"，而污染排放对环境质量的影响具有空间迁移累积特征，在多大范围内设点较为合理，这都需要通过理论研究和实测进行确定。

5.3.1.2　监测指标的选取

污染排放的指标很多，在环境质量影响的反应上也千差万别。如何选择监测指标，既能够有效综合反映出对环境质量的影响，减少多因子监测的负担，又能够较大限度地识别环境风险，这就需要结合污染排放因子和环境质量评价因子，选择具有代表性、指示性的监测指标。

5.3.1.3　监测频次的确定

与监测频次密切相关的是人力、物力、财力的投入。频次过高，所需要投入的人力、物力、财力过大，若超过排污单位的承受能力，则可能造成要求无法落实。频次过低，既可能造成代表性不足，也可能因为无法及时掌握环境质量变化情况而达不到监测的目的。

5.3.1.4　监测结果评价

根据监测结果评价排污单位是否对周边环境质量有影响，需要对监测数据进行合理处理和分析，多角度分析和识别环境质量变化情况，不仅限于与环境质量标准的对比，还包括根据不同点位数据对比、不同时间序列数据对比进行综合分析判断，数据分析方法是难点也是重点。

5.3.2　周边环境质量影响监测方案制定的基本思路

由于周边环境质量影响监测基础较为薄弱，本书结合相关研究，提出探索性的、原则性的思考，具体的技术要点还有待进一步研究深化。

5.3.2.1　限于高累积性环境风险排污单位

排放标准有要求的必须开展周边环境质量监测，环评或管理要求的需要开展周边环境质量监测，属于高污染高风险项目的应开展周边环境质量监测，排污单位认为有必要的应开展周边环境质量监测。

5.3.2.2　体现排污单位排放特征

周边环境质量监测分为常规污染物和特征污染物，常规污染物来源较多，如颗粒物、二氧化硫、氮氧化物等，来源既有工业源又有生活源，以颗粒物为例，工业源既包括燃料燃烧产生的又包括建筑扬尘产生的，既有工业炉窑燃烧产生的又有生活炊具产生的等，很难通过常规污染物监测结果来反推某个排污单位的贡献与影响，因此，必须选择特征的重点污染物开展周边环境质量监测，才能体现排污单位的排放特征与环境质量之间的关联性。

5.3.2.3　与环境质量监测技术规范衔接

虽然企业周边环境质量监测与常规环境质量监测之间存在差异性，但仍属于一种特殊的环境质量监测工作，仍要依靠现有监测技术，符合环境质量监测的技术要求。要素涵盖地表水、海水、环境空气、土壤和地下水，都要遵循相关环境质量标准和监测技术规范要求。

5.3.2.4　能够同时反映背景和影响情况

在监测点位设置上，要既能够获得不被本排污单位影响的环境质量状况，也应当能够获得受本排污单位影响的环境质量状况，从而二者对比以识别影响结果；既要能够获得一段时期以内的情况，也要能够获得一段时期之后的情况，从而进行对比。因此，在断面设置上，既要有对照点，也要有稳定的观测点。

5.3.2.5　数据评价多元化

不仅限于监测数据与环境质量的对比，还包括不同点位的数据对比、同一点位不同时间段的对比，从各种对比中发现环境质量是否存在不同区域影响不同，是否存在环境质量持续恶化的情形，从而综合评价排污单位对环境质量的影响情况。

5.3.3　周边环境质量影响监测方案制定的技术要点

5.3.3.1　监测点位设置

（1）地表水河流

在《环境影响评价技术导则　地面水环境》（HJ/T 2.3—93）推荐的调查范围的两端布设排污口及控制断面，见表 5-2，并在排污口上游 500 m 处设置一个对照断面，见图 5-2。

表 5-2　不同污水排放量时河流环境调查范围

污水排放量/（m³/d）	调查范围/km		
	大河（≥150 m³/s）	中河（15～150 m³/s）	小河（<15 m³/s）
>50 000	15～30	20～40	30～50
50 000～20 000	10～20	15～30	25～40
20 000～10 000	5～10	10～20	15～30
10 000～5 000	2～5	5～10	10～25
<5 000	<3	<5	5～15

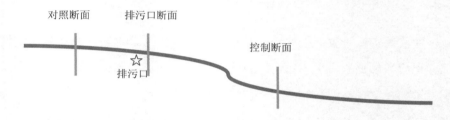

图 5-1　地表水环境质量影响监测断面布设示意

（2）近岸海域

沿岸排放的陆域直排海污染源：陆域直排海污染源影响监测点位布设于影响区边界，点位数量一般不少于 6 个；在附近海域设置 1～2 个对照点位；在排污口附近设置 1 个排污口点位。排污口对重要湿地可能产生影响的，应在排污口附近布设潮间带监测断面，同时布设 1 个潮间带对照监测断面。采样层次应符合表 5-3 的要求。

表 5-3　近岸海域监测采样层次设置

水深范围	标准层次
<10 m	表层
10～25 m	表层，底层
>25 m	原则上分 3 层，可视水深酌情加层

注：①表层系指水面以下 0.1～1 m；
②底层，对河口及港湾海域最好取离海底 2 m 的水层，深海或大风浪时可酌情增大离底层的距离。

深海排放的陆域直排海污染源：以深海排放口为位置中心，沿海流方向中线及两侧 15°夹角线，在建设项目环境影响评价报告中确定的影响区外边界及外边界向外 500 m 处各设置 1 个监测点，并在海流反方向建设项目环境影响评价报告中确定的影响区边界外 500 m 处设置一个对照点，共设置 7 个监测点。采样层次应符合表 5-3 要求。

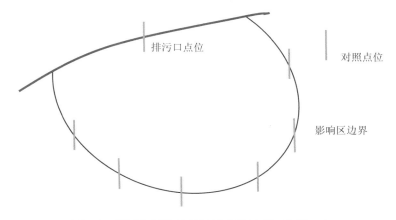

图 5-2　近岸海域环境质量影响监测断面布设示意

（3）地表水湖库

可参照沿岸排放的陆域直排海污染源设置监测点位。垂线上的采样点数应符合表 5-4 的要求。

表 5-4　湖（库）监测垂线采样点的设置

水　深	分层情况	采样点数	说　明
≤5 m		一点（水面下 0.5 m 处）	1.分层是指湖水温度分层状况。
5 m～10 m	不分层	二点（水面下 0.5 m，水底上 0.5 m）	2.水深不足 1 m，在 1/2 水深处设置测点。
5 m～10 m	分层	三点（水面下 0.5 m，1/2 斜温层，水底上 0.5 m 处）	3.有充分数据证实垂线水质均匀时，可酌情减少测点
>10 m		除水面下 0.5 m，水底上 0.5 m 处外，按每一斜温分层 1/2 处设置	

（4）地下水监测点位布设

排污单位厂界周边的地下水环境质量影响监测点位参照排污单位环境影响评价文件及其批复及其他环境管理要求设置。

如环境影响评价文件及其批复及其他文件中均未作出要求，排污单位需要开展周边环境质量影响监测的，环境质量影响监测点位设置的原则和方法参照《环境影响评价技术导则 地下水环境》（HJ 610—2016）、《地下水环境监测技术规范》（HJ/T 164—2004）等执行。

参考《环境影响评价技术导则 地下水环境》，划分排污单位对地下水环境影响的等级，见表 5-5。

表 5-5 等级分级

环境敏感程度[①]	等级划分		
	I 类项目[①]	II 类项目	III 类项目
敏感	一	一	二
较敏感	一	二	三
不敏感	二	三	三

注：①敏感程度分级表及项目类别划分详见《环境影响评价技术导则 地下水环境》（HJ 610—2016）表 1 及附录 A。

地下水环境质量影响监测点位数量及设置要求：影响等级为一、二级的排污单位，点位一般不少于 3 个，应至少在排污单位上、下游各布设 1 个。一级排污单位还应在重点污染风险源处增设监测点。影响等级为三级的排污单位，点位一般不少于 1 个，应至少在排污单位下游布置 1 个。

地下水的监测井建设与管理要求应符合《地下水环境监测技术规范》2.4 章节要求。

（5）土壤监测点位布设

排污单位厂界周边的土壤环境质量影响监测点位参照排污单位环境影响评价文件及其批复及其他环境管理要求设置。

如环境影响评价文件及其批复及其他文件中均未作出要求，排污单位需要开展周边环境质量影响监测的，环境质量影响监测点位设置的原则和方法参照《土壤环境监测技术规范》（HJ/T 166—2004）等执行。

2017 年 8 月，环境保护部发布《环境影响评价技术导则　土壤环境（征求意见稿）》，提出划分排污单位对土壤环境影响的等级，见表 5-6。

表 5-6　排污单位土壤影响等级

评价等级 敏感程度	Ⅰ 类[①]			Ⅱ 类			Ⅲ 类		
	大[②]	中	小	大	中	小	大	中	小
敏感[③]	一级	一级	二级	二级	二级	三级	三级	三级	/
较敏感	一级	一级	二级	二级	二级	三级	三级	/	/
不敏感	一级	二级	二级	二级	三级	/	/	/	/

注：①参见《环境影响评价技术导则　土壤环境（征求意见稿）》中"表 1 建设项目行业类别判别依据表"；②参见"表 2 建设项目占地规模划分表"；③参见"表 3 建设项目所在地周边的土壤环境敏感程度表"。

根据《环境影响评价技术导则　土壤环境（征求意见稿）》，土壤环境影响监测点位应重点布设在主要产污装置区和土壤环境敏感目标附近，并根据排污单位对土壤环境影响的等级确定监测点位数，见表 5-7。

表 5-7　土壤环境质量影响监测点位要求

影响等级	区域	点位数量
一级	产污装置区附近	3 个混合样、2 个深层样
	土壤敏感目标附近	3 个混合样
二级	产污装置区附近	1 个混合样、1 个深层样
	土壤敏感目标附近	2 个混合样
三级	产污装置区附近	1 个混合样
	土壤敏感目标附近	1 个混合样

（6）大气监测点位布设

环境质量监测点位一般在厂界或大气环境防护距离（如有）外侧设施 1～2 个监测点。

5.3.3.2 监测因子选择

排污单位周边环境质量监测的目的是利用监测数据来支撑说明排污单位对周边环境质量的影响，因此监测因子的选择应首先考虑排他性。排污单位的特征污染物应为首选监测因子，常规污染物次之，特征污染物容易追溯，与排放相关性强，常规污染物排放源较多，界定主要影响者相对较难。排污单位特征污染物是建设项目环境影响评价分析和预测的重点内容，因此，自行监测规范体系规定周边环境质量监测因子要参照排污单位环境影响评价文件及其批复等管理文件的要求执行。

另外，监测因子还要根据排放的污染物对环境的影响确定，与环境质量标准中的相关指标协调一致。如对于废水排入地表水的造纸工业排污单位，需结合《地表水环境质量标准》（GB 3838—2002）及自身排污情况筛选监测指标，周边环境质量影响监测指标筛选结果为 pH、悬浮物、化学需氧量、五日生化需氧量、氨氮、总磷、总氮、石油类。对于废水排入海水的造纸工业排污单位，需结合《海水水质标准》（GB 3097—1997）及自身排污情况筛选监测指标，周边环境质量影响监测指标筛选结果为 pH、悬浮物、化学需氧量、五日生化需氧量、溶解氧、活性磷酸盐、无机氮、石油类。

地下水监测指标可结合《地下水质量标准》（GB 14848—2017）及自身排污情况筛选监测指标，如钢铁联合企业的周边环境质量影响监测指标筛选结果为 pH、总硬度、溶解性总固体、硫酸盐、氯化物、铁、铜、锌、挥发酚、高锰酸盐指数、硝酸盐、亚硝酸盐、氨氮、氟化物、氰化物、汞、砷、镉、六价铬、铅、镍、硫化物、总铬、多环芳烃、苯、甲苯、二甲苯等。

土壤监测指标可结合《土壤环境质量标准》（GB 15618—2018）及自身排污情况筛选监测指标，如钢铁联合企业的周边环境质量影响监测指标筛选结果为 pH、阳离子交换量、镉、汞、砷、铜、铅、铬、锌、镍、多环芳烃、苯、甲苯、二甲苯等。

空气质量监测指标可结合《环境空气质量标准》（GB 3095—2012）及自身排污情况筛选监测指标，重点对最大地面空气质量浓度占标率大于 1 的污染物指标开展监测，最大地面空气质量浓度占标率的计算方法参见《环境影响评价技术导则　大气环境》。

5.3.3.3　监测频次确定

首先，要体现污染排放影响特点，排污单位周边环境质量监测频次环境影响评价报告书（表）及其批复等管理文件有明确要求的，按照要求执行，对于有毒有害的特征污染物，可以适当加严监测频次。如石化项目周边环境空气质量特征污染物的监测频次可加严到每月一次。

其次，重点排污单位和一般排污单位区别对待，重点排污单位排放量较大，对环境造成影响的可能性大，环境风险也相对较大，因此，应与一般排污单位监测频次有所区别，适当加严。如涉水重点排污单位地表水每年丰、枯、平水期至少各监测一次，涉气重点排污单位空气质量每半年至少监测一次，涉重金属、难降解类有机污染物等重点排污单位土壤、地下水每年至少监测一次。

再次，发生突发环境事故对周边环境质量造成明显影响的，或周边环境质量相关污染物超标的，应适当增加监测频次。如某煤化工项目在项目建成初期试运行期间污水产生量比较大，且污染物浓度较高，使得设计污水处理能力无法满足实际需要，发生过污水外溢污染地下水的事故，该项目在完成地下水污染专项整治纳入正常管理后，自行监测方案也需要把地下水监测频次加严为每周一次，个别项目甚至还需安装自动监测。

最终确定的监测频次还要把握与环境空气、地表水、地下水、土壤等各要素环境质量监测相关技术规范协调一致。

第6章

自行监测中工况监控技术研究

　　污染物排放与生产工况密切相关，为了更好地说清楚自行监测数据所代表的排放状况，同时便于实现对自行监测数据的应用，开展工况监控十分必要。然而，工况是一个很宽泛的概念，在具体实施过程中，如何针对工况监控的目的，针对性地设计工况监控内容，是工况监控实践和研究的难点。本章通过对工况监控需求的梳理，提出两种类型组成的工况监控技术，以数据应用为导向的生产负荷和以数据校核为目的的"大工况"，并对两类工况监控技术的内容、实施方法和要点进行研究。由于"大工况"监控技术涉及面广，为了更好地开展研究，以制浆造纸、原料药制造为代表开展了"大工况"监控技术的研究应用。

6.1　工况监控实施现状

6.1.1　工况监控的应用

　　国家规范对正常/非正常工况的定义为：正常工况是指装置或设施按照设计工艺参数进行稳定运行的状态。非正常工况是指装置或设施开工、停工、检修、超出设计工艺参数运行或运行时工艺参数不稳定时的状态。

　　污染物排放状况与生产工况密切相关，只有说清楚监测期间的生产工况，才能够正确认识监测数据，并对数据进行正确、合理的应用。因此，可以说工况监控是污染源监测的重要内容，工况负荷高低和装置运行状态都对监测结果有重要影响。工况监控技术是否科学合理、工况记录参数是否关键全面，直接影响着对监测数据的代表性、客观性、准确性和可比性的判断，从而也影响着监测数据支撑管理的公平、公正和有效性。

　　我国工况监控主要应用在建设项目环境保护竣工验收上。建设项目是否能够通过验收，各级环境监测站提供的监测报告是行政主管部门审批的最重要的依据。监测报告中最重要的信息在于对生产装置和设施排放的各种污染物的监测结果，而监测结果的生命在于其准确、可靠的数据质量，故监测技术规范或技术要求大都将工况检查作为质量控制和质量保证的第一条要求。可见，工况检查是环保验收监测的首要先决条件。

验收监测的初衷在于验证在设计负荷（即理想工况）下，建设项目污染物排放状况是否满足相应标准、环评报告及批复要求，所以理想的工况应为生产负荷 100%，且试生产期间负荷一直维持 100% 不变。然而，从编制环评报告到验收监测至少一两年，在现实市场情况下经济瞬息万变，企业在投入运营后，很难保证一定能按设计负荷生产。于是，产生了验收监测要求与现实状况之间的矛盾。为了解决这种矛盾，原国家环境保护总局《关于建设项目环境保护设施竣工验收监测管理有关问题的通知》（环发〔2000〕38 号）对验收监测工况做了原则性要求，即原则上工况稳定、负荷达 75% 以上，且环境保护设施运行正常就能开展验收监测。

6.1.2 工况监控存在的问题

尽管验收监测中明确提出了对工况监控的要求，但由于缺少对工况系统研究，工况监控实施过程较为零散，工况监控技术缺少梳理，系统性不足，结果出现三个较为极端的情况：①尽管收集了很多工况相关信息，但若要通过工况监控对监测数据进行评估，则因为工况监控过于简单，不够全面，建立不了完整的证据链；②收集信息过于全面，耗费大量人力、物力和时间，结果存在大量无效信息；③对于部分情况下，仅需要关键工况信息，又无足够简单的方法予以表征。概括起来，可以说，同时存在简单和全面均有不足的情况，需要针对不同目的进行系统梳理，建立有层次的工况监控技术体系。具体来说，工况监控存在以下问题：

6.1.2.1 工况缺少系统界定和分类

首先，工况的范围没有明显界限。如何界定工况监控的范围，哪些内容属于工况范畴，对哪些内容必须进行监控，这在实施过程中，没有统一标准和界定，每个人所掌握的尺度不同，因此对工况检查的范围也不一样。

其次，工况监控简繁缺少区分。工况的范围可广可窄，应当根据重要性进行区分，根据重要性的不同，工况监控技术要求也应当有所差异，有

的仅需要简要记录，有的则要进行加工计算等，这样才能够形成分层次的
工况监控体系。

6.1.2.2　工况监控需要体系设计，减少对实施人员专业水平的依赖

准确核查企业生产和治理等工况信息，需做大量细致的信息收集工作，
一方面往往耗费数天，无法在监测过程中实施，另一方面，对核查人员的
专业水平提出了较高的要求，要对大量信息进行分析甄别，难以普遍实施，
因此工况核查方法的研究要遵循科学实用、简便易行的原则。

6.1.2.3　为提高工况监控效率，需要有效识别关键工况监控指标

目前，环境监测人员对工业企业工况的核查，主要靠企业填报信息，
属于被动接纳的状态。这种状态的形成原因一是由于监测人员对企业生产
工艺设备等不熟悉，不清楚应该关注什么，二是信息收集量大分析甄别困
难，大量信息之间的关联性如何，哪些是应该重点关注的信息，哪些信息
可以作为依据等均不好把握。

6.1.2.4　普适性监控方法受行业应用限制，应提出行业针对性监控方法

由于污染源监测涉及各行各业，行业特点不同，工艺流程复杂多样等
原因，监测人员准确把握工况的难度较大。普适性产品产量法适用性有限，
针对不同工艺、不同行业、不同设备的行业工况监控方法缺乏研究。

6.2　自行监测中工况监控技术类型

6.2.1　工况监控在自行监测的作用

工况监控是自行监测的重要组成部分，既是说清楚自行监测数据的重
要内容，也是自行监测数据应用时重要的表征。根据自行监测用途的不同，
工况监控的作用可以分为以下两种类型。

6.2.1.1 服务监测数据的整体评价和应用

验收监测中，要求负荷达 75% 以上；排污许可制度中，要求手工监测开展期间的生产负荷不低于上次监测至本次监测开展期间生产负荷的平均值；利用低频次监测数据测算排放量时，需要利用工况进行校核，如《国控污染源排放口污染物排放量计算方法》（环办〔2011〕8 号）中规定，利用监督性监测计算排放量时，需要根据监测期间的生产负荷和核算总量期间生产负荷对比结果进行核算。《锅炉烟尘测试方法》（GB 5468—91）中提出，对于锅炉烟尘排放的测试，必须在锅炉设计出力 70% 以上的情况下进行。

以上这些情况下，因为需要用最核心、最关键的工况监控参数表征监测数据所代表的生产工况，就要求工况内容简单而确定。

6.2.1.2 建立全过程数据链条，便于形成完整"证据链"

对于排污单位自行监测来说，说清污染物排放状况、自证是否正常运行污染治理设施、是否依法排污是法律赋予排污单位的权利和义务。自证守法，首先要有可以作为证据的相关资料，信息记录就是要将所有可以作为证据的信息保留下来，在需要的时候有据可查。这种情况下的工况监控及其信息记录，目的和意义主要体现在以下方面：

第一，便于监测结果溯源。监测的环节很多，任何一个环节出现问题，都可能造成监测结果的错误。通过信息记录，将监测过程中的重要环节的原始信息记录下来，一旦发现监测结果存在可疑之处，就可以通过查阅相关记录，检查哪个环节出现问题。对于不影响监测结果的问题，可以通过追溯监测过程进行校正，从而获得正确的结果。

第二，便于规范监测过程。认真记录各个监测环节的信息，便于规范监测活动，避免由于个别时候的疏忽而遗忘个别程序，从而影响监测结果。通过对记录信息的分析，也可以发现影响监测过程的一些关键因素，这也有利于对监测过程的改进。

第三，可以实现信息间的相互校验。记录各种过程信息，可以更好地反映排污单位的生产、污染治理、排放状况，从而便于建立监测信息与生产、污染治理等相关信息的逻辑关系，从而为实现信息间的互相校验、加强数据间的质量控制提供基础。通过记录各类信息，可以形成排污单位生产、污染治理、排放等全链条的证据链，避免单方面的信息不足以说明排污状况。

第四，丰富基础信息，利于科学研究。排污单位生产、污染治理、排放过程中一系列过程信息，对于研究排污单位污染治理和排放特征具有重要的意义。监测信息记录，极大地丰富了污染源排放和治理的基础信息，这为开展科学研究提供了大量基础信息。基于这些基础信息，利用大数据分析方法，可以更好地探索污染排放和治理的规律，为科学制定相关技术要求奠定良好基础。

在这种情况下，工况监控的内容就要相对全面，但并非越多越好，考虑到避免信息过多而掩盖有效信息，同时也从有效节约成本的角度考虑，就需要从全面的工况监控信息中筛选较为关键的内容。

6.2.2　自行监测中的工况监控类型

针对工况监控在自行监测的以上两种作用，将工况监控分为狭义和广义两种类型。狭义上的生产工况主要指负荷，即以代表性的指标对生产工况进行综合性表征。广义上的工况则范围较为广泛，不限于负荷，而是与生产状况相关的指标都可以归为工况范畴，包括生产、治理等环节的状况，本书将其称之为"大工况"监控。

6.2.2.1　生产负荷

生产负荷作为生产工况的综合性表征，是生产工况的代表性、集中性的反映，应具备以下要求：

第一，要具有代表性，要能够最大程度反映污染物排放与生产状况的关联关系，以生产负荷的变化来表征污染物排放的变化。

第二，要具有确定性、唯一性的特点，只有确定和唯一，才能够横向可比，才能使应用过程和结果具有确定和唯一性。

第三，要能够量化表征，只有量化表征才能够参与到运算中。

第四，所需参数便于获取，最好与排污单位生产运行所监控的参数保持一致。

6.2.2.2 "大工况"

"大工况"与以生产负荷总体表征生产工况不同，能够相对全面反映污染物产生、治理、排放过程中生产运行、所采取的污染治理措施以及污染治理设施运行等方面的状况，其最终目的是说清楚监测时期的情况。

6.3 生产负荷表征与监控研究

按行业性质的特点可以将排污单位分为三种类型，即产品生产类型、社会公益类型、能源产出类型。其中产品生产类型的生产负荷，以产品的生产数量为考核指标，设备的无故障水平为稳定生产考核指标。

社会公益类型又可分为废物处理类，公益设施建设类两大类型，前者依据处理量及处理指标稳定性作为考察负荷和处理质量的稳定性，后者又以设施应用率和完好率体现服务的数量和质量。

能量产出类型包括发电、供能、供暖，能量提供的数量和稳定性又成为生产负荷和能源稳定性的监控内容。

6.3.1 产品生产类型排污单位

通过大量文献调研和实际察看现场总结发现，对于企业的生产负荷的核查，有多种方法可供选择，主要有产品产量核算法、原辅材料核查法两种方法，对于特定排污单位还可以用生产设备运行参数核查法、能耗核查法等。

6.3.1.1　产品产量核算法

多于产品产量核算法，是指污染物排放与产品产量密切关联的情况，根据实际产品产量和设计生产能力的关系来计量生产负荷，生产负荷的具体计算公式如下：

$$生产负荷=\frac{监测期间产品产量}{设计生产能力（以产品产量计）}×100\%$$

其中：产品产量的单位可以是质量单位（如 t）、数量单位（如台、套、件）等。

采用该方法核算生产负荷时，可能出现以下情形：

1）串联型多产品生产企业：如大型钢铁企业，通常以建设项目铁水和/或钢材产量进行核算。但因生产工序繁多，监测之前需全面了解各工序的生产时间，以合理安排对各工序的监测，各工序均需记录产量：烧结/球团工段应记录烧结/球团矿日产量，炼铁工段应记录生铁日产量，炼钢工段应记录钢日产量，轧钢工段应记录钢材日产量。

2）串联型单一产品生产企业：如半导体行业，多道工序连续生产，按产品产量进行核算即可，不需记录每个工段生产零件数。

3）产量与产品规格的相关生产企业：如电镀行业，根据《电镀污染物排放标准》（GB 21900—2008）的相关规定，除了根据镀件数量核算工况，还需统计每日镀件镀层面积。

4）一条生产线多种产品生产企业：使用不同原辅材料的多种产品共用一条生产线，如兽药、农药、染料等生产行业，在每个产品生产期间分别监测，以产量核定工况。如产品种类繁多，为减少监测工作量并减轻企业负担，可根据原辅材料种类将产品归类，在使用同种原辅材料的同类产品中选取典型产品监测。

5）对间断性的生产方式，要保证每个生产周期的生产量。如橡胶硫化工序，要保证硫化蒸锅每次硫化橡胶的数量。在化工生产中这种生产形式非常广泛，表现为反应釜、脱水装置、合成罐等生产方式。

6）对于存在多个生产活动单元，生产活动单元相对独立的，也可以考虑将不同生产活动单元分别作为一个整体来核算生产负荷。

7）对于多个生产单元有多种产品的，又难以进行拆分的情况，可以用排水系数加权法计算生产负荷。其计算公式如下：

$$F = \frac{R_d}{R_0} = \frac{(\sum_{i=1}^{n} R_{di} \times \lambda_i)}{R_0 \times \lambda_0}$$

式中：F —— 日生产负荷；

R_d —— 监测期间该排放口对应的当量产品产量；

R_0 —— 监测期间该排放口对应的产品设计产量；

R_{di} —— 监测当天第 i 个产排污工艺产品产量；

λ_0 —— 当量产品的单位产品（或原料）排水量系数；

λ_i —— 第 i 个产排污工艺的单位产品排水量系数。

上述公式中，同一产排污工艺，或者虽是多个产排污工艺，但相互串联，可由最终工艺一种或多种体现原辅材料消耗的主要产品量表征工况。若同一排污口废水是多个相互独立的产排污工艺废水汇集而来的，可将多个产排污工艺的产品产量换算为当量产品产量相加获得总产品产量（或原料利用量）。

6.3.1.2 原辅材料核查法

利用企业计量器具现场获取产品产量及原材料消耗量等信息，通过计算得到生产负荷的具体数值。不同类型企业的原辅材料的核算方法也有所区别。

$$生产负荷 = \frac{监测期间原辅材料消耗量}{设计生产能力（以原辅材料消耗量计）} \times 100\%$$

其中：原辅材料消耗量的单位一般为质量单位（如 t）。

采用该方法核算生产负荷时,可能出现以下情形:

1)有主控工序的生产企业:如炼油项目就是由常减压作为主控工序的生产企业,应用原辅材料投料和算法监控工况,记录单位时间原油加工量。

2)长周期出产品的生产企业:如船舶及大型机械制造业,生产周期长,监测期间无法通过计算产量来核定生产负荷,只能以主要原材料(如钢材)的处理量核算。

3)同类多种产品生产企业:如生物制药行业,多种产品由同一生产线生产(尤其是以血浆为原料的),生产工艺、原辅材料相近,排污情况基本相同,通常选取某一产品生产时监测,根据主要原料血浆投入量核定生产负荷。

4)复杂多变类排污单位:如研发实验类项目,实验种类变换频繁,实验时间短,试剂复杂、消耗量少,排气管道多,难以以定量指标核定工况,只能通过各实验室试剂使用情况的记录来说明工况。

6.3.1.3　其他方法

(1)生产设备运行参数核查法

这种方法是指通过现场查看关键生产设备的特征运行参数并与设计值比较,判断生产运行是否正常,必要时可结合生产运行记录进行核查。如焦化企业的实际结焦时间和设计结焦时间。

(2)能耗核查法

这种方法是指利用企业计量器具与企业同步计量相关能耗量,通过计算佐证生产负荷,如通过电解车间的耗电量,辅证电解车间生产负荷。

在实际调查中还发现,对于一些管理水平较高的企业,还可通过询问生产计划了解产品、原材料的种类和数量,原辅材料耗量记录、耗电量、用水量、环保设备运行记录、维修记录、设备运行参数原始记录、环保耗材购买合同、发票及财务往来账等,然后再与生产报表进行比对,提前了解企业的生产水平。

6.3.2 能量产出类型

在进行此类项目验收监测时工况状态是单位时间输出的能量大小，常用的单位为兆瓦。在进行电厂项目验收时，发电量在控制室随时都能查看，工况检查和生产负荷测算都容易进行，但是在一般供热锅炉房缺少供热输出量监控仪表，使生产负荷的测量带来困难。国家在 2007 年颁布的《固定污染源监测　质量控制与质量保证控制技术规范》（HJ/T 373—2007）附录 B 中给出热水锅炉和蒸汽锅炉生产负荷计算方法，基本能够解决热工仪表齐全的大型供热锅炉生产负荷的监控和测算，但是对于落后的中小型锅炉房由于缺少循环水流量表，无法采用水量表法测量锅炉的输出热量，为此天津市环境监测中心提出用"含湿量测量法测定锅炉用煤量"来测算锅炉生产负荷方法。

基本原理：煤通过燃烧后其全部含水量和氢元素终将转变为水蒸气从烟气中排出。而烟气中的排水量是可测量的，这样通过对煤的工业分析确定其含水量和氢元素含量便可确定其煤的燃烧量。具体分析如下：

烟气中的水分主要来源于空气中带来的水，煤中含有的物理水，及氢元素氧化后生成的水，以上三部分水的含量可由下面三个式子确定：

煤中水分带来的水蒸气容积：

$$22.4/18 \times W^Y/100 = 0.012\ 4W^Y\ \text{Nm}^3/\text{kg} \qquad (6\text{-}1)$$

式中：W^Y——煤应用基水分含量，%。

燃烧中氢燃烧生成的水蒸气容积：

$$2H_2 + O_2 \rightarrow 2H_2O$$

$$2 \times 22.4/(2 \times 2.016) \times H^Y/100 = 0.111 H^Y\ \text{Nm}^3/\text{kg} \qquad (6\text{-}2)$$

式中：H^Y——煤应用基氢元素含量，%。

空气带入水蒸气量：设 1 kg 干空气中含有的水蒸气为 d（g/kg）空气的密度是 1.293 kg/Nm³，水蒸气的密度为 18/22.4=0.804 kg/Nm³，1 Nm³ 干空气中所含水蒸气的容积应为：

$$（1.293×d/1\,000）/0.804=0.001\,61d \tag{6-3}$$

式中：d —— 1 kg 干空气中含水量，g。

在一个监测周期中当燃烧了 G 千克煤时，烟气中排放的水容量由下式确定：

$$V_{H_2O}=G（0.012\,4W^Y+0.111H^Y）+0.001\,61·d·Q_{snd}·t \tag{6-4}$$

式中：Q_{snd} —— 标态干烟气排放量，Nm^3/h,

$\qquad t$ —— 在监测周期内燃煤 G 千克所用的时间，h;

$\qquad V_{H_2O}$ —— 烟气中排放的标态水蒸气的量，Nm^3。

水含湿量计算得到：

$$V_{H_2O}=Q_{snd}×X_{SW}×t \tag{6-5}$$

整理式（6-1）～式（6-5）得到式（6-6）：

$$G=（t·Q_{snd}·X_{SW}-0.001\,61Q_{snd}·t·d）/（0.012\,4W^Y+0.111H^Y） \tag{6-6}$$

式中：W^Y、H^Y 可通过煤"工业分析"得到。

式（6-6）右端，Q_{snd}、X_{sw} 通过监测风量和烟气含湿量得到，空气含湿量可由湿度计测量，因此监测期间用煤量可通过计算得到，再根据满负荷用煤量的比即可求算出锅炉的生产负荷。满负荷用煤量是锅炉的热工测量指标，一般节能部门每年都要监测，在锅炉房中可以查到。

6.3.3　社会公益类型项目（废物处理类）

$$生产负荷 = \frac{监测期间实际处理量}{相应设计能力处理量} × 100\%$$

其中：设计处理量和验收期间实际处理量都具有单位时间生产量的概念。设计处理量往往表示为，在正常生产条件下，年有效生产日可完成的处理数量。而验收期间实际处理量,代表验收监测时间内,企业的实际处理数量。因此在进行统计计算时不但要统计验收监测覆盖时间内的处理数量,还应将年设计处理能力转化为平均小时设计处理量。此种方法可以适合污水处理厂、焚烧炉的生产负荷计算。对垃圾填埋场由于设计单位只给出处理数量,所以单位时间的处理量只能按企业平均工作量计算。

6.4 "大工况"监控技术研究

6.4.1 工况核查关键内容甄别

一般而言,企业工况涉及以下信息,包括生产指标、设备构造、生产线路、设备管理、生产设备、员工数量、占地、投资总额、生产技术、研发团队、产品质量、产品产率、产品产量、生产时间(开工、停工、检修的时间)、生产周期、原辅材料产地/种类/数量、能耗(包括水、电、气、煤、焦炭等)、治理设施工艺/规模/运行/控制、药剂等。

可以看出企业工况涉及的信息量相当庞杂,难以短时间完成如此大量的信息收集,在反复查阅资料、实地调研、专家咨询等的基础上,经过归纳总结,筛选甄别出生产工况核查的关键内容,分别是:企业生产概况、企业生产负荷、污染设施运行情况。其中企业生产概况指企业生产产品的种类情况及生产处于的状态(包括正常/非正常,或者生产过程的某一工序);企业生产负荷指企业实际生产量占设计生产能力的百分比,可以包括生产设备运行状况、原材料消耗情况、产品产生产量情况等予以反映;污染设施运行情况指企业实际运行污染治理设施的情况,可以包括设施运行的表观状况、运行参数的控制情况、药剂的使用情况。

6.4.2 工况核查方法研究

工况核查的方法应遵循科学实用、简便易行的原则,可采用资料检查、现场察看、询问和实际测量相结合等方式进行。为客观掌握企业生产工况,对于工况核查的关键内容，分别研究其核查方法。

6.4.2.1　企业生产概况

对于企业生产的产品种类信息和生产状态的信息，研究发现可以采用以下方式：一是通过核查各产品的关键设备的温度压力等参数，判断是否生产某类产品；二是通过查看生产记录，生产报表，了解企业开工、停工、检修的具体时间，当生产设备处于这些时间附近时，生产往往不正常，因此，采样要根据监测目的考虑这些情况对监测数据的影响；三是对于非连续加料的生产工艺，通过加料时间记录等，判断生产所处的阶段，以把握企业污染的产生状况。

6.4.2.2　污染治理设施运行情况核查方法

污染物排放量等于生产装置污染物产生量减掉环保设施对污染物的去除量，环保设施的运行状态直接影响其对污染物的去除率。治理工况的核查较为复杂，这里存在着较多的人为干扰因素。下面以典型的污水处理站和废气治理设施运行情况为例开展核查方法研究。

（1）污水处理站

衡量一个污水处理站运行情况，应重点考虑以下内容：①治理设施表观状况；②运行参数的控制情况；③主要污染物的监测情况；④药剂的使用情况；⑤水量平衡情况。这些内容不是每个设施均需全部核查，可根据企业的具体情况确定核查其中的几种或者全部。

表观状况：可通过观察曝气池内水质颜色、散发的气味、池中的泡沫；二沉池的出水水质以及各存水或反应池周围藻类生长情况等表观现象判断治理设施日常运行是否正常。

运行参数的控制情况：污水治理设施运行控制指标有很多，包括：泥龄 SRT、污泥浓度 MLSS、挥发性污泥浓度 MLVSS、溶解氧 DO、流速 V、水力停留时间 HRT、污泥负荷 Ns（有机负荷 F/M）、回流比 Rn、二沉池水力表面负荷、污泥沉降比 SV_{30}、污泥指数 SVI 等。一般而言，可以通过了解污泥沉降比和污泥负荷核查企业污染设施运行情况。污泥沉降比是曝气池混合液在量筒中静置 30 min 后，污泥所占体积与原混合液体积的比值，是活性污泥法运行控制的重要指标，能及时反映污泥膨胀等异常情况。污泥负荷也是活性污泥法设计和运行的主要参数之一，只有维持在一定范围（一般来讲，常规活性污泥法在 0.3～0.5 kg/（kg·d），可根据设计方案查阅得到设计值），BOD_5 去除率可达 90% 以上，SVI 为 80～150，污泥的吸附性能和沉淀性能都较好。

主要污染物的监测情况：正常运行的污染设施，一般都会监控污染来水的浓度情况，通过来水水质调整设施运行。因此，调阅企业设施的污染物监测记录，并与历史数据、工艺的相关设计参数比较，也可核查设施运行情况。

投药量：查看投药量记录表，并与历史情况的比较；运行稳定的污水处理设施投药量基本会维持均衡，如果监测时段投入的药剂量与平时用量相比有较大变化，说明进水浓度有异常或日常管理存在问题。

水量平衡核查：水量平衡核查主要是利用企业的用排水平衡关系，核查企业生产和污染设施运行情况。一般而言，企业的用水量、排水量数据的获取都不存在问题。对于比较常见的一个企业拥有几条生产线，且共用一个污水处理设施的情况，各生产线用水量往往无法和具体的排水量相对应，因此，核查重点应放在企业总用水量与总排水量的平衡关系上。

根据《工业用水分类及定义》（CJ 40—1999）的规定，水量有下列关系：

$$Y=H+P+C$$

式中：Y——用水量；

C——回用水量；

H——耗水量；

P——排水量。

通过对总用水量、回用水量、排水量的统计，得到实际耗水量，再根据实际产品产量得到实际单位产品耗水量，与理论单位耗水量比较，从而判断污水是否全部得到有效的处理。

当企业废水有回用时，一定要了解回用水的用途，如果并未完全回用于生产，则应关注监测时段内回用水与平时的变化情况，否则干扰排水量的准确测定。

（2）废气治理设施

企业废气治理设施运行情况核查宏观方面可通过了解烟囱尾部颗粒物、二氧化硫和氮氧化物等大气污染物排放浓度以及除尘单元除尘效率、脱硫单元脱硫效率和脱硝单元脱硝效率等参数来判断。

微观方面各废气治理单元运行状况核查应重点考虑以下内容：①治理设施表观状况；②运行参数的控制情况；③主要污染物的监测情况；④药剂的使用情况；⑤废水废渣收集储运情况。这些内容不是每个设施单元均需全部核查，可根据企业的具体情况确定核查其中的几种或者全部。

表观状况：可通过观察废气治理设施周边空气异味程度、降尘情况、漏液情况、喷射位点和连接处腐蚀情况判断治理设施日常运行是否正常。

运行参数的控制情况：废气治理设施运行控制指标需根据不同治理技术来确定：

除尘单元需重点关注除尘器进出口颗粒物浓度（WESP 进口 ≤ 20 mg/m³）、除尘效率、进出口压力、运行阻力（ESP$\leq$300Pa，FF$\leq$1 200Pa，WESP$\leq$300Pa，若高于正常运行范围，会导致除尘效率下降，能耗增加，影响后续单元正常运行）、湿度、烟温、标杆烟气量、过滤风速（ESP：$0.7\sim$ 1.4 m/s，FF：$1.0\sim1.5$ m/min，WESP：$0.5\sim5.5$ m/s）、粉煤灰捕集量等。静电除尘器需核查一次电压、一次电流、二次电压（$40\sim100$ kV）、二次电流（$100\sim1$ 500 mA，若低于设计值，则可能由于清灰不及时、收尘极或放电极积灰过多等原因导致的电阻升高，电流下降，会影响颗粒物荷电捕集）、高频电源频率值、高压隔离开关状态、耗电量、清灰装置电磁振打器状态、频次；布袋除尘器需核查脉冲喷吹阀状态、频次、反吹风压力；湿式电除尘器需核查喷淋水给水泵状态、电场喷淋阀状态。

脱硫单元需重点关注脱硫塔进出口烟气中 SO_2 浓度（石灰石/石灰-石膏

法入口 SO_2 浓度宜≤12 000 mg/m³，循环流化床法入口 SO_2 浓度宜≤3 000 mg/m³，氨法入口 SO_2 浓度宜≤30 000 mg/m³）、脱硫效率、颗粒物浓度（石灰石/石灰-石膏法入口颗粒物浓度≤200 mg/m³，当脱硫副产物需资源化利用时入口颗粒物浓度≤100 mg/m³；氨法入口颗粒物浓度≤50 mg/m³）、氧含量、湿度、运行阻力、标杆烟气量、流速（湿法脱硫吸收塔空塔流速≤3.8 m/s；循环流化床直管段流速宜为 3～6.5 m/s，塔内停留时间宜＞4s）、烟温（湿法脱硫入口烟温宜在 80～170℃，循环流化床入口烟温宜在90～260℃，烟温过低会降低 SO_2 吸收反应效果，烟温过高会增加水耗量和 SO_2 析出）、石灰石用量、石膏产生量、石膏品质、补充水量、耗电量、蒸汽耗量等。石灰石/石灰-石膏法脱硫需核查吸收塔浆液密度、pH（石灰石为吸收剂 pH 取 5.2～5.8，石灰为吸收剂 pH 取 5.2～6.2）、Ca/S（不宜超过 1.03）、液气比 L/G（为浆液循环量 L 与吸收塔出口饱和烟气量 m³ 的比值，与吸收剂种类、入口烟气条件、脱硫效率、喷淋覆盖率有关。石灰石法取＞10 L/m³，石灰法取＞5 L/m³，氧化镁法和双碱法取＞2 L/m³，但过高会导致净烟气含水量增加，增大后续设备的腐蚀，同时加大除雾器的负担，堵塞除雾器、烟道等）、除雾器压差、雾滴含量≤50 mg/m³、搅拌器状态、液位、引风机状态、增压风机状态、氧化风机状态、循环浆液泵状态、石灰石浆液泵状态、石灰石供浆泵流量、石灰石浆液密度、石膏排出泵状态；循环流化床脱硫需核查石灰石（粉）给料量、石灰石磨状态、循环流化床床温、床压（循环流化床压降宜在 1 600～2 200 Pa，过低影响床层稳定性，过高增加运行成本和烟气透过性能）、漏风率宜＜5%；氨法脱硫需核查氨逃逸质量浓度＜3 mg/m³。

脱硝单元需重点关注脱硝反应器进出口 NO_x 浓度、脱硝效率、烟温（SCR有效运行范围为 300～400℃，SNCR 有效运行范围为 850～1 100℃）、进出口压力、SCR 压降宜＜1 400 Pa、SCR 系统漏风率宜＜0.4%、进出口烟温、氧含量、标杆烟气量、还原剂溶液质量浓度（尿素溶液质量浓度 10%、氨水质量分数 20%～25%）、还原剂消耗量（过多会造成氨逃逸升高，成本增加；过少会降低脱硝效果）、氨逃逸浓度（SCR＜2.5 mg/m³，SNCR＜

8 mg/m³）、SCR 中 SO₂/SO₃ 转化率≤1%、稀释水泵状态、高压泵状态、耗电量、催化剂更换周期等。

主要污染物的监测情况：正常运行的污染治理设施，一般都会监控装置的进出口污染物浓度和烟气参数，通过调整烟气温度、湿度和药剂投加量等参数调整设施运行。因此，调阅企业设施的污染物监测记录，并与历史数据、工艺的相关设计参数比较来核查设施运行情况。

投药量：查看投药量记录表，并与历史情况比较；运行稳定的脱硫脱硝设施投药量基本会维持均衡，如果监测时段投入的药剂量与平时用量相比有较大变化，说明废气污染物浓度有异常或日常管理存在问题。

废水废渣储运情况：正常运行的废气治理设施各治理单元均会有副产物生成，如脱硫装置会产生脱硫废水和脱硫石膏，可通过核查脱硫废水治理设施运行情况和石膏储运情况判断；除尘装置需定期清灰、卸灰，防止二次扬尘，更换破损堵塞的滤袋，保证除尘设施的稳定高效运行；脱硝催化剂需定期再生或更换，保证催化活性和脱硝效率。核查废水废渣的生成量和储运量可判断整体废气治理设施的运行情况，见图 6-1。

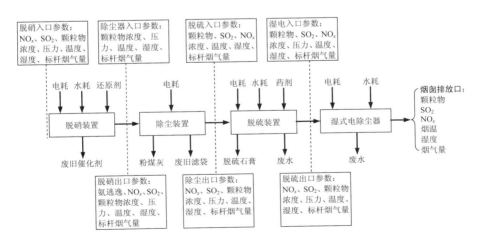

图 6-1　废气治理设施核查示意图

6.5 典型工业行业"大工况"核查技术研究

6.5.1 制浆造纸排污单位"大工况"核查技术要点

6.5.1.1 制浆造纸生产运行状况记录

（1）分生产线记录每日的原辅料用量及产量

根据厂区内生产布置和生产运行实际情况，记录厂内每条生产线的原辅材料用量和产量情况。若厂内不同生产线原辅材料交叉使用，且无法估算各生产线的原辅材料使用量或产量，也可以合起来进行记录，但要进行说明。

取水量（新鲜水）是指调查年度从各种水源提取的并用于工业生产活动的水量总和，包括城市自来水用量、自备水（地表水、地下水和其他水）用量、水利工程供水量，以及企业从市场购得的其他水（如其他企业回用水量）。工业生产活动用水主要包括工业生产用水、辅助生产（包括机修、运输、空压站等）用水。厂区附属生活用水（厂内绿化、职工食堂、浴室、保健站、生活区居民家庭用水、企业附属幼儿园、学校、游泳池等的用水量）如果单独计量且生活污水不与工业废水混排的水量不计入取水量。

主要原辅料（木材、竹、芦苇、蔗渣、稻麦草等植物，废纸等）使用量，根据本厂实际从外购买的原辅材料进行整理记录，重点记录与污染物产生相关的原辅材料使用情况。

商品浆和纸板及机制纸等产品产量。根据排污单位实际生产情况，记录纸浆、纸板、机制纸或其他纸制品的产量，为了更好地掌握污染物产生与生产状况的关系，纸浆、纸板、机制纸等作为中间产品而非最终产品的，也应进行记录。

（2）化学浆生产线需记录粗浆得率、细浆得率、黑液提取率、碱回收率等

一般来说，粗浆得率、细浆得率越高，黑液提取率越高，废水污染物

产生量越低；粗浆得率、细浆得率越低，黑液提取率越低，废水污染物产生量越高。污染物产生量与粗浆得率、细浆得率、黑液提取率的关系可参考《污染源源强核算技术指南　制浆造纸》（HJ 887—2018）。碱回收率是反映碱法制浆生产工艺过程清洁生产基本水平（包括碱回收系统生产技术及其管理水平）的主要技术指标。

粗浆得率：指蒸煮后获得的粗浆量（绝干或风干）与蒸煮前原料量（绝干或风干）的比值。

细浆得率：指蒸煮后的粗浆经过洗涤、筛选后获得的细浆量（绝干或风干）与蒸煮前原料量（绝干或风干）的比值。

黑液提取率：指送蒸发的黑液固形物量占蒸煮（含氧脱木素）所得固形物量的百分比。《污染源源强核算技术指南　制浆造纸》，计算公式如下：

黑液提取率如下式：

$$R_B = \frac{DS}{\dfrac{1}{\eta_p} - 1 - S_R + M_A} \times 100\% \tag{6-7}$$

式中：R_B——黑液提取率，%；

　　　DS——在一定计量时间内每吨收获浆（指截止到漂白工艺之前的制浆过程所得到的浆料）送蒸发工段黑液中（指过滤纤维后）的溶解性固形物，t/t；

　　　η_p——在同一计量时间内收获浆（同上）的总得率，%；

　　　S_R——在同一计量时间内收获浆每吨（同上）的总浆渣产生量，t/t；

　　　M_A——在同一计量时间内收获浆每吨（同上）的总用碱量，t/t。

碱回收率：指经碱回收系统所回收的碱量（不包括由于芒硝还原所得的碱量）占同一计量时间内制浆过程所用总碱量（包括漂白工序之前所有生产过程的耗碱总量，但不包括漂白工序消耗的碱量）的质量百分比。计算公式如下：

① 计算方法1：

$$R_{\mathrm{A}} = 100 - \frac{a_0 + b + A - B}{A_{11} + b \pm a_k} \times 100\%$$ （6-8）

$$a_0 = a(1-W)\varphi P \times 0.437$$

$$A_{11} = A_{\mathrm{N}} K_{\mathrm{N}}$$

$$K_{\mathrm{N}} = \frac{(1-S)(1-R_K)}{R_K}$$

式中：R_{A}——碱回收率，%；

a_0——补充芒硝的产碱量，kg；

a——芒硝补充量，kg；

W——芒硝水分，%；

φ——芒硝的纯度，%；

P——芒硝的还原率，%；

0.437——由芒硝转化为氧化钠的系数；

b——氯漂工艺之前所有制浆过程补充的外来新鲜碱，kg；

A——统计开始时系统结存碱量，kg；

B——统计结束时系统结存碱量，kg；

A_{11}——回收碱量，kg；

A_{N}——回收活性碱量，kg；

K_{N}——转换系数；

S——硫化度，%；

R_{K}——苛化度，%；

a_{K}——白液结存碱量，kg。

②计算方法2：

$$R_{\mathrm{A}} = \frac{A_{11} - a_0}{A_t} \times 100\%$$ （6-9）

式中：R_{A}——碱回收率，%；

A_{11}——本期回收碱量，kg；

a_0——本期补充芒硝的产碱量，kg；

A_t——本期制浆（氯漂工艺之前）生产过程的总用碱量，kg。

（3）半化学浆、化机浆生产线还需记录纸浆得率等

纸浆得率指经过工艺过程后获得的纸浆量与工艺处理前原料量的比值。一般来说纸浆得率越高，废水污染物产生量越低；纸浆得率越低，废水污染物产生量越高。

6.5.1.2　碱回收工艺运行状况记录

对于有碱回收工艺的排污单位，应记录碱回收每天的总固形物处理量，除此之外，还可以将碱回收运行状况进行记录，包括燃烧温度等，以便于对污染物产生情况进行估算。

对于有石灰窑的排污单位，应按日记录石灰窑石灰石使用量、石灰窑生石灰产量、燃料消耗量等，从而可以辅助说明监测结果。

另外，由于碱回收炉和石灰窑在开停机过程中，存在污染排放状况易出现异常的情况，还应及时记录碱回收炉和石灰窑的停机、启动情况，以便对该时段内的监测数据进行说明，同时也便于整体估算全时段的排放状况。

6.5.1.3　污水处理运行状况记录

为了佐证废水监测数据情况，按日记录污水处理量、污水回用量、白水回用率、污水排放量、污泥产生量（记录含水率）、污水处理使用的药剂名称及用量、鼓风机电量等。

白水指抄纸工段废水，它来源于造纸车间纸张抄造过程。白水主要含有细小纤维、填料、涂料和溶解了的木材成分，以及添加的胶料、湿强剂、防腐剂等，以不溶性 COD 为主，可生化性较低，其加入的防腐剂有一定的毒性。白水水量较大，但其所含的有机污染负荷远远低于蒸煮黑液和中段废水。现在几乎所有的造纸厂造纸车间都采用了部分或全封闭系统以降低造纸耗水量，节约动力消耗，提高白水回用率，减少多余

白水排放。一般来说白水回用率越高，废水污染物产生量越低，白水回用率越低，废水污染物产生量越高。白水回用率指在一定的计量时间内，生产过程中使用的重复利用白水水量（包括循环利用的水量和直接或经处理后回收再利用的水量）与总用水量之比。

6.5.2 原料药制造排污单位"大工况"核查技术要点

6.5.2.1 化学合成类制药工业

化学合成药物生产特点主要有：品种多、更新快、生产工艺复杂；需要的原辅材料繁多，而产量一般较小；产品质量要求严格；基本采用间歇生产方式；其原辅材料和中间体多数是易燃、易爆、有毒性的物品。

化学合成制药生产过程主要以化学原料为起始反应物，通过化学合成生成药物中间体，然后对其药物结构进行改造，得到目的产物，再经脱保护基、提取、精制和干燥等主要几步工序得到最终产品。主要生产过程包括：合成反应工段、蒸发浓缩工段、提取工段、蒸馏洗涤工段、精制工段、干燥工段等工序，其中，提取、精制、干燥、蒸发浓缩等工段又可统称为分离纯化工段；精制工段又包括脱色、过滤、结晶等。

（1）合成反应工段

在药物合成中有 80%～85%的反应需要催化剂，若在合成反应过程使用重金属催化剂（如钯、铂、镍、汞、镉、铅、铬、铜等），则车间或生产设施应配备废水收集处理设施，以保证车间或生产设施排放废水中第一类污染物的达标排放；若在合成反应过程中使用酸碱物质（如盐酸、氨水等）调节 pH，则会有含氯化氢、氨的酸碱废气产生，应有酸碱废气处理措施。常用的处理方法有水吸收法、酸碱吸收法及活性炭吸收法等。

（2）蒸发浓缩、蒸馏工段

在蒸馏、蒸发浓缩工段会产生不凝气、精馏残液等，现场应配备有不凝气排放或处理装置，配备精馏残液回用或处理装置和循环冷却水系统。涉及减压蒸馏的还需要配备水环式真空泵排放废水的处理装置。对于不凝气常采用直接高空排放或活性炭吸附法处理。

（3）提取、洗涤工段

化学合成制药企业的大部分反应都是在溶剂中进行的，常用的溶剂有二氯甲烷、氯仿、乙酸乙酯、甲苯、氢氟酸—三氟化金、乙醚、丙酮等。提取、洗涤等工段产生的废液应有回收处理装置，并最终得到无害化处理；对于挥发的有机溶剂、酸雾，应设有收集、处理或回收利用设施；生产运行过程中应注意这些设施是否密闭，避免有大量有机气体挥发。对于有机溶剂废气常见的处理工艺有吸收法、吸附法、燃烧法、冷凝法等。

（4）精制工段

精制工段是在溶解装置中加入溶剂，投入粗品，调节 pH，粗品溶解后再投入活性炭、脱色、过滤分离、滤液纯化、结晶。精制工段产生的废液应有回收处理装置。

（5）干燥工段

在药物的干燥过程会产生药物粉尘，这些粉尘作为制药企业的产品，一般都要经过多种除尘方式进行收集，通常采用袋式除尘、旋风除尘、湿式除尘或几种除尘装置的组合等。干燥过程中也会有一些提取时残留的微量有机溶剂在干燥时挥发出来，应根据情况配备相应的处理装置。

排污单位在生产运行过程中应对这些处理设施的运行情况进行记录，并根据监测数据分析保证设施的运转正常和达标排放。

（6）生产区无组织废气的排放控制

排污单位有的生产工段会使用或产生一些挥发性的化学物质，为控制这些物质无组织排放，应对这些工段或车间采取密闭设备，物料采用管道和液泵输送等措施减少无组织排放，或采取无组织变有组织的方式减少无组织废气排放。

（7）废水污染治理设施

对于毒性较小、易生化降解的化学合成类制药排污单位的生产废水，可以考虑将高浓度废水与低浓度废水混合，采用厌氧生化（或水解酸化）、好氧生化、后续深度处理的工艺处理；或将高浓度废水厌氧处理后再与低浓度废水混合进行后续处理。

对于毒性较大、较难生化降解的化学合成类制药排污单位的生产废水，提倡废水分类处理。高浓度废水经预处理、厌氧生化处理后，其出水与低浓度废水混合，再进行好氧生化后续深度处理。

排污单位在生产运行过程中，应通过制药生产工艺流程及装置特点、污水收集管网布设情况，记录废水产生量。

对于排放含第一类污染物（包括：总汞、烷基汞、总镉、六价铬、总砷、总铅、总镍）的废水，废水处理多采用中和沉淀法、硫化物沉淀法等化学沉淀法。对于含有机物的废水，其中常含有许多原辅材料、产物和副产物等，在无害处理前应尽可能回收利用，常用的方法有蒸馏、萃取、化学处理等。对于生物毒性较大或难以生化处理的废水，在生物处理之前，应进行预处理。预处理常采用的方法有混凝、气浮、微电解、高级氧化技术（Fenton 试剂、O_3 氧化等）。

目前在制药工业废水治理工艺中，较多地采用水解酸化作为好氧生化的前处理，高浓度的制药废水采用厌氧消化法进行生化前处理。采用的厌氧反应器形式主要为以下几种类型：升流式厌氧污泥床（UASB）反应器、厌氧复合床（UBF）反应器、厌氧膨胀颗粒污泥床（EGSB）反应器、厌氧折流板反应器（ABR）；好氧生化处理装置形式以水解—好氧生物接触氧化法和不同类型的序批式活性污泥法居多，主要包括生物接触氧化池、SBR、MSBR、CASS、ICEAS、生物滤池、A^2/O、A/O 等。

在废水污染治理设施运行过程中，应关注加药装置是否正常配药，加药量是否足够，记录加药量；气浮区水面悬浮物浓密情况是否正常；对于微电解，必要时可以检测电解池的电压值或者取样检测其氧化还原电位。对于厌氧处理设施应关注厌氧装置的运行状态，观察厌氧装置中是否形成颗粒状污泥或絮状污泥，污泥分布情况是否均匀，沉降性能是否良好，监测厌氧装置的运行温度，如果是中温厌氧处理工艺，一般温度应在 30～40℃ 之间，测量厌氧装置运行的 pH，通常应该在 6.5～7.8 之间；如需密封的装置查看其密封是否良好，检查有无恶臭性气体挥发，通过嗅觉，检查恶臭气体的挥发情况。对于好氧处理设施，观察好氧池中曝气是否均匀；若有缺氧池，缺氧池中污水应缓慢翻动。观测活性污泥的颜色和浓度是否正常，取样观测污泥沉降比（SV_{30}），SV_{30} 在 30% 左右的为正常。查看二沉池出水，应透明度很高，悬浮颗粒少，无气味。记录污泥产生量，通过污泥产生量与污水处理负荷之间的逻辑关系，判断废水污染防治设施运行情况。

对于水处理循环利用系统，应记录各循环水系统的水泵加药方式、排水周期、每次排水时间、新鲜水补给量，从而判断废水排放量和综合利用情况。

（8）自动监控设施的运行情况

自动监控设施作为排污单位污处设施的一部分，排污单位应按照自动监控设施运行维护的技术规范要求，定期进行维护、校准、比对监测，以保证自动监测数的准确、有效，及时记录维护、校准、比对信息，按照第 7 章和第 9 章的格式要求记录，并保证监测数据完整、准确保存和传输。

6.5.2.2 发酵类制药工业

发酵类制药主要是指利用微生物在有氧或无氧条件下的生命活动生产药物的过程。发酵类药物主要分为抗生素类、维生素类、氨基酸类等，以抗生素为主。主要的生产过程一般都需要经过菌种筛选、种子制备、微生物发酵、发酵液预处理和固液分离、提取、精制、干燥、包装等步骤。其中，种子制备一般包括两个过程，即在固体培养基上生产大量孢子的制备过程和在液体培养基中生产大量菌丝或营养体的种子制备过程。

（1）发酵工段

发酵车间会产生含 CO_2 尾气和发酵异味，以及发酵罐的清洗和消毒废水，排污单位应配备排气、排风设备以及处理清洗、消毒废水的灭菌装置。

（2）发酵液固—液分离以及提取工段

抗生素类药物产品回收常用三种方法：溶剂萃取法、直接沉淀法和离子交换吸附法。使用溶剂萃取法时会产生有机溶剂蒸馏残液；使用离子交换吸附法时会产生废弃树脂以及固液分离产生的菌丝废渣。在使用溶剂萃取法时，应对有机溶剂气体进行回收或处理。常见的处理工艺有吸收法、吸附法、冷凝法等。

（3）精制工段

精制工段主要包括脱色、结晶和纯化等工序。精制工段产生的主要污染物为脱色过程产生的废活性炭，以及分离过程产生的废液。对于废液应有消毒灭菌装置。

（4）干燥及包装工段

干燥和包装工段会有少量药尘产生。应配备除尘设施，多采用袋式除尘器和旋风除尘器等设施处理。干燥过程中也会有一些提取时残留的微量有机溶剂，在干燥时挥发出来，应根据情况配备相应的处理装置。

6.5.2.3　提取类制药工业

提取类制药工业的排污单位的生产工艺大体可分为五个阶段：原料的选择和预处理、原料的粉碎、提取、精制、干燥及包装制剂。

（1）原料的选择和预处理工段

对动物提取时，原料的选择和预处理车间在原料清洗及粉碎过程会有恶臭气体排放，排污单位应安装除臭设施，并监测其是否正常运行。一般采用活性炭吸附法进行处理或采用生物除臭剂等。

（2）粉碎工段

对于大块固体物料常需借助机械力粉碎成一定大小的粒径以供制备药剂或临床使用，在制备过程中会有粉尘的产生，排污单位应根据情况配备适宜的除尘设施。

（3）提取工段

提取也称抽提、萃取，是利用一种溶剂对物质的不同溶解度，从混合物中分离出一种或几种组分，制成粗品的过程。提取常用的溶剂有水、稀盐、稀碱、稀酸溶液，有的用不同比例的有机溶剂，如乙醇、丙酮、氯仿、三氯乙酸、乙酸乙酯、草酸、乙酸等。提取过程和溶剂回收过程中会有有机溶剂挥发，排污单位应配备有机溶剂气体收集或处理装置。常见的有机废气处理工艺有吸收法、吸附法、冷凝法等。

（4）精制工段

精制是指从洗涤后的药品中把不需要的杂质除去的过程，主要利用分离纯化工艺将提取出的粗品精制。主要应用的方法有：盐析法、有机溶剂分级沉淀法、等电点沉淀法、膜分离法、层析法、凝胶过滤法、离子交换法、结晶和再结晶作用等。在生产过程中会产生一些废液或残余液、废树脂、废过滤膜等。

（5）干燥及包装制剂工段

干燥过程是利用热能使湿物料中的水分子等湿分汽化，并利用气体或真空将产生的蒸汽除去，以获得干燥固体的过程。最常用的方法有常压干燥、减压干燥、喷雾干燥和冷冻干燥等。过程中会有少量药尘产生，目前多用袋式除尘器和旋风除尘器等设施处理。

第 7 章

自行监测技术指南体系构建

随着自行监测主体地位逐步明确，需要专门技术文件支撑落实，尤其是排污许可制度实施后，排污许可申请与核发过程中需要有专门的技术文件作为依据。自行监测技术体系中，污染源监测技术规范、污染源监测分析方法等已形成一套体系，但从自行监测实施层面，由于我国与排污自行监测相关的内容较为零散，其中监测频次缺失较为明显，有必要制定专门的自行监测技术指南，指导排污单位开展自行监测活动。

在对排污单位自行监测方案制定技术研究、工况监控等技术研究的基础上，结合污染源监测多年的实践经验，自行监测已积累了一定基础，具备制定自行监测标准规范的条件。在对自行监测技术指南需求分析、与相关标准规范关系研究基础上，提出排污单位自行监测技术指南体系构建思路。以《排污单位自行监测技术指南　总则》（以下简称《总则》）为统领，用行业进行落实和充实，形成"1+N"的体系构建。《总则》明确原则和方法，并对共性内容进行规定，行业指南从排污特征出发，明确行业监测和信息记录要求。

本章对自行监测技术指南体系构建思路和体系内容进行介绍，以期为相关研究和体系应用提供借鉴和参考。

7.1　自行监测技术体系

经过几十年的积累，我国针对污染源监测的全过程（点位布设、样品采集、样品储运、分析测试、数据处理、质量保证与质量控制等）已经形成一套技术规范体系，这套技术体系对于排污单位生产运行阶段的自行监测活动同样适用。

相比较而言，自行监测方案制定相对薄弱，需要专门的技术文件进行规范，同时也需要通过技术文件将污染源监测全过程从排污单位实施的角度进行整合衔接。

将自行监测方案制定与监测活动开展等相关技术整合衔接，则形成排污单位自行监测技术体系框架，见图7-1。其中自行监测方案制定重点通过自行监测技术指南体系实现，自行监测技术指南体系构建思路在本章中进行论述和说明。

7.2 制定自行监测技术指南的必要性

7.2.1 自行监测主体地位逐步得到明确，需要技术文件支撑落实

企业开展排污状况自行监测是法定的责任和义务。2015 年 1 月 1 日施行的《中华人民共和国环境保护法》第四十二条明确提出，"重点排污单位应当按照国家有关规定和监测规范安装使用监测设备，保证监测设备正常运行，保存原始监测记录"；第五十五条要求，"重点排污单位应当如实向社会公开其主要污染物的名称、排放方式、排放浓度和总量、超标排放情况，以及防治污染设施的建设和运行情况，接受社会监督"。《中华人民共和国水污染防治法》第二十三条规定，"重点排污单位应当安装水污染物排放自动监测设备，与环境保护主管部门的监控设备联网，并保证监测设备正常运行。排放工业废水的企业，应当对其所排放的工业废水进行监测，并保存原始监测记录。具体办法由国务院环境保护主管部门规定"。《中华人民共和国大气污染防治法》第二十四条规定，"企业事业单位和其他生产经营者应当按照国家有关规定和监测规范，对其排放的工业废气和本法第七十八条规定名录中所列有毒有害大气污染物进行监测，并保存原始监测记录。"

2014 年实施的《国家重点监控企业自行监测及信息公开办法（试行）》有力推动了国家重点监控企业的自行监测及信息公开工作，自行监测制度初步建立。

重点排污单位自行监测法律地位得到明确，自行监测制度初步建立，而自行监测的有效实施还需要有配套的技术文件作为支撑，排污单位自行监测指南是基础而重要的技术指导性文件。因此，制定排污单位自行监测指南是落实相关法律法规的需要。

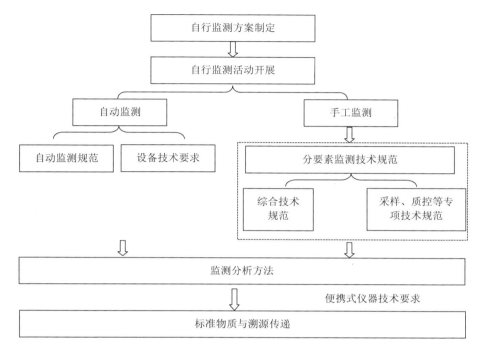

图 7-1　生产运行阶段自行监测技术体系

7.2.2　自行监测要求是排污许可制度的重要组成部分

党的十八届三中全会《关于全面深化改革若干重大问题的决定》提出：完善污染物排放许可制。排污许可证制度，是国外比较普遍采用的控制污染的法律制度。从美国等发达国家实施排污许可制度的经验来看，监督检查是排污许可制度实施效果的重要保障，污染源监测是监督检查的重要组成部分和基础。自行监测是污染源监测的主体形式，自行监测的管理备受重视，自行监测要求作为重要的内容在排污许可证中进行载明。

排污许可制度在我国自 20 世纪 80 年代作为新五项制度开始局部试点，近 30 年来，并没有在全国范围内统一实施。当前，我国正在借鉴国际经验，整合衔接现行各项管理制度，研究制定"一证式"管理的排污许可制度，将其建设成为固定点源环境管理的核心制度。

我国当前研究推行的排污许可制度中，明确了由企业"自证守法"，其中自行监测是排污单位自证守法的重要手段和方法。只有在特定监测方案和要求下的监测数据才能够支撑排污许可"自证"的要求。因此,在排污许可制度中,自行监测要求是必不可少的一部分。

7.2.3 明确的排污单位监测要求是支撑工业源全面达标排放的基础

党的十八届五中全会明确提出"实施工业污染源全面达标排放计划",《国民经济和社会发展第十三个五年规划纲要》要求"实施工业污染源全面达标排放计划"。符合监测技术规范的监测数据是工业源全面达标排放评价的重要基础。全面达标排放的评价既包括环境保护部门执法监测评价,也包括排污单位自行监测的"自评价、自证明"。

首先,执法监测和自行监测除在监测频次上有所差异外,其他监测要求应当是统一的,这样的监测结果才可比,因此需要根据排污单位的具体情况明确和固定监测要求。

其次,排污单位自测应成为执法监测实施的基础。考虑到执法监测对人力、物力的需求,对排污单位生产工况的要求,执法监测重点应突出随机性,从而形成威慑力。监测的主体责任应由排污单位承担,排污单位应按照监测要求,持续开展监测,既起到自证守法的作用,又可以为执法监测的开展提供参考。

7.2.4 现有标准规定对排污单位自行监测的规定不够全面

对每个排污单位来说,生产工艺产生的污染物、不同监测点位执行排放标准和控制指标、环评报告要求的内容都有不同情况及独特内容。虽然各种监测技术标准与规范已从不同角度对排污单位的监测内容做出了规定,但不够全面。

7.2.4.1 监测频次是监测方案的核心内容,现有标准规范对监测频次规定不全

以造纸工业企业为例,《制浆造纸工业水污染物排放标准》(GB 3544

—2008）中仅规定了二噁英 1 年开展 1 次监测，未涉及其他污染物指标的监测频次；《建设项目竣工环境保护验收技术规范　造纸工业》（HJ/T 408—2007）仅对验收监测期间的监测频次进行了规定，且频次过高，不适用于日常监测要求；《环境影响评价技术导则　总纲》（HJ 2.1—2011）仅规定要对建设项目提出监测计划要求，缺少具体内容；《国家重点监控企业自行监测及信息公开办法（试行）》（环发〔2013〕81 号）对国控企业的监测频次提出部分要求，但是作为规范性管理文件，规定的相对笼统，无法满足量大面广的造纸工业企业自行监测方案编制要求。

在我国，造纸工业属于管理相对规范的行业，其他管理基础相对薄弱的行业问题更加突出。

7.2.4.2　为提高监测效率，应针对不同排放源污染物排放特性确定监测要求

监测是污染排放监管必不可少的技术支撑，具有重要的意义，然而监测是需要成本的，应在监测效果和成本间寻找合理的平衡点。"一刀切"的监测要求，必然会造成部分排放源监测要求过高，从而引起浪费；或者对部分排放源要求过低，从而达不到监管需求。因此，需要专门的技术文件，从排污单位监测要求进行系统分析，进行系统性设计，提高监测要求的精细化要求，提高监测效率。

7.2.5　制定自行监测技术指南是指导和规范排污单位自行监测行为的需要

我国自 2014 年以来开始推行国家重点监控企业自行监测及信息公开，从实施情况来看，存在诸多问题，需要加强对排污单位自行监测行为的指导和规范。

污染源监测与环境质量监测相比，涉及的行业多样，监测内容更复杂。国家规定的污染物排放标准数量众多，我国现行国家污染物排放（控制）标准达到 150 余项，省级人民政府依法制定并报生态环境部备案的地方污

染物排放标准总数达到 120 余项；标准控制项目种类繁杂，如现行标准规定的水污染物控制项目指标总数达 124 项，与美国水污染物排放法规项目指标总数（126 项）相当。

对每个排污单位来说，生产工艺产生的污染物、不同监测点位执行排放标准和控制指标、环评报告要求的内容都有不同情况及独特内容。虽然各种监测技术标准与规范已从不同角度对排污单位的监测内容做出了规定，但是由于国家发布的有关规定必须有普适性、原则性的特点，因此排污单位在开展自行监测过程中如何结合企业具体情况，合理确定监测点位、监测项目和监测频次等实际问题上面临着诸多疑问。

生态环境部在对全国各地区自行监测及信息公开平台的日常监督检查及现场检查等工作中发现，部分排污单位自行监测方案的内容、监测数据结果的质量不尽如人意，存在排污单位未包括全部排放口、监测点位设置不合理、监测项目仅开展主要污染物、随意设置排放标准限值、自行监测数据弄虚作假等问题，因此应进一步加强对企业自行监测的工作指导和规范行为，为监督监管企业自行监测提供政策和技术支撑，因此需要建立和完善企业自行监测相关规范内容。

因此为解决企业开展自行监测过程中遇到的问题，加强对企业自行监测的指导，有必要制定《指南》，将自行监测要求进一步明确和细化。

7.3 排污单位自行监测技术指南体系设计

排污单位自行监测指南体系以《总则》为统领，包括一系列重点行业/通用工序排污单位自行监测技术指南，见图 7-2。

7.3.1 分行业制定排污单位自行监测技术指南的必要性

我国作为制造业大国，排污单位种类和数量繁多，污染物排放特征差异大。为提高对排污单位自行监测指导的针对性和确定性，应根据行业产排污具体情况，分行业制定排污单位自行监测指南，对差异较大的行业企业自行监测的开展需分别进行指导。

首先，不同行业污染源差异大，主要污染源及主要污染因子均不同，与之相应的自行监测方案也差异明显。监测点位、监测指标、监测频次等监测方案中的关键内容均是根据污染源及排放因子的特征确定的，由于不同行业排污节点迥异，排放图谱千差万别，对环境的影响各不相同，监测点位、指标、频次都有很大差别。根据行业具体情况制定行业企业自行监测指南可以提出针对性要求，可以提高针对性和可操作性。

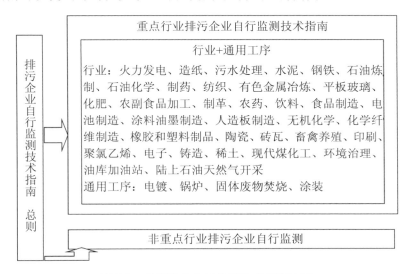

图 7-2　排污单位自行监测技术指南体系

其次，工况及相关参数监测和收集要求差异大，相关内容的记录和报告的要求也不尽相同。核查工况、收集相关参数的目的是更好地说清企业的排污状况，不同行业由于与污染物排放相关的工况和参数指标是不同的。要说清不同行业应收集哪些信息，如何收集，分别应记录和上报哪些指标，必须分行业进行梳理分析。以行业排污单位自行监测指南的形式能够更好、更清楚、更确定地将这些内容说清楚。

7.3.2　《总则》的定位和意义

《总则》在排污单位自行监测指南体系中属于纲领性的文件，起到统一思路和要求的作用。

首先，制定分行业排污单位自行监测技术指南之前，为了提高规定的一致性，先制定《总则》，对总体性原则进行规定，作为分行业排污单位自行监测技术指南的参考性文件。

其次，对于行业排污单位自行监测指南中必不可少，但要求比较一致的内容，可以在总则中进行体现，在分行业排污单位自行监测指南中加以引用，既保证一致性，也减少重复。

再次，对于部分污染差异大、企业数量少的行业，单独制定行业排污单位自行监测指南意义不大，这类行业企业可以参照《总则》开展自行监测。行业排污单位自行监测指南未发布的，也应参照《总则》开展自行监测。

7.3.3　行业排污单位自行监测技术指南的主要考虑

目前环境保护相关的技术规范和标准中，对行业的划分主要是以《国民经济行业分类》（GB/T 4754）为基础的。排放标准和清洁生产标准中对行业的划分是在《国民经济行业分类》的基础上进一步根据产品或工艺的不同进行细分，但二者行业分类并不完全对应，清洁生产标准对行业的划分，相对更细。《环境影响评价技术导则》由于涵盖的范围比较广，涉及生态、大型基础设施建设等项目，在分类上主要是根据项目类型为依据的。其中工业项目部分，目前颁布的导则还比较少，总体上是以《国民经济行业分类》为基础的。《环保验收技术规范》是以《国民经济行业分类》为基础划分的，对于部分相对复杂的大类行业，如石油加工行业，行业内不同企业还存在比较大差异的，又进行了进一步的细分。在排污单位自行监测指南体系中，也以《国民经济行业分类》为基础，同时进行必要的细分和合并。根据行业排污环节、生产工艺的差异性，依次考虑按照行业大类、中类、小类为单元划分行业，对于不同大类、中类或小类行业之间相同性较大，能够合并的则在同一行业排污单位自行监测指南中进行规定。对于小类行业仍无法满足需求的，可以考虑进一步按照产品或工艺进行细分。

另外，污水处理厂也作为单独一个行业进行考虑。

对于锅炉、涂装、电镀、废物焚烧等生产工序较为独立，且会在很多行业中出现，这种情况若在每个行业中重复涉及没有必要，则作为通用工序视同行业处理。

7.3.4　排污单位自行监测技术指南的主要内容

7.3.4.1　《总则》的内容

《总则》的核心内容包括四个方面：

一是自行监测的一般要求，即制定监测方案、设置和维护监测设施、开展自行监测、做好监测质量保证与质量控制、记录保存和公开监测数据的基本要求；

二是监测方案制定，包括监测点位、监测指标、监测频次、监测技术、采样方法、监测分析方法的确定原则和方法；

三是监测质量保证与质量控制，从监测机构、人员、出具数据所需仪器设备、监测辅助设施和实验室环境、监测方法技术能力验证、监测活动质量控制与质量保证等方面的全过程质量控制；

四是信息记录和报告要求，包括监测信息记录、信息报告、应急报告、信息公开等内容。

7.3.4.2　行业自行监测技术指南的内容

对于单个行业，应同时考虑该行业企业所有废水、废气、噪声污染源的监测活动，在指南中进行统一规定。行业排污单位自行监测指南的核心内容要包括以下两个方面：

1）污染物监测方案。在指南中明确行业的监测方案，首先明确行业的主要污染源，各污染源的主要污染因子，然后针对各污染源的各污染因子提出监测方案设置的基本要求，包括点位、监测指标、监测频次、监测技术等。

2）数据记录、报告和公开要求。根据行业特点、各参数或指标与校核污染物排放的相关性，提出监测相关数据记录要求。

7.3.5 《总则》的总体思路

7.3.5.1 系统设计，全面指导

从开展自行监测的全过程进行梳理，系统性设计本标准的内容，力求对排污单位自行监测方案制定和监测开展提供全面的指导，具体体现在以下方面：

1）全指标。不限于主要污染物，而是对排污单位排放的所有污染物全面纳入考虑范围，包括排放标准、排污许可证、环境影响评价文件及其批复，以及生产过程可能排放的有毒、有害污染物。

2）全要素。对排污单位的水污染物、气污染物、噪声、固废等要素进行全面考虑。排污单位对环境的影响，可能通过气态污染物、水污染物或固废多种途径，单要素的考虑易出现片面的结论。同时，为了便于排污单位操作，在同一个标准中进行全面考虑、全面指导，更加便于理解和操作。

3）全对象。除对重点排污单位作为重点进行考虑外，考虑到部分地方或部分企业的需求，非重点排污单位也可能有开展自行监测的需求，在标准中对此进行了考虑，避免因为没有参照的依据，对非重点排污单位提出过高的要求，引起资源浪费。

4）全过程。按照排污单位开展监测活动的整个过程，从制定方案、设置和维护监测设施、开展监测、做好监测质量保证与质量控制、记录和保存监测数据的全过程各环节进行考虑。

7.3.5.2 体现差异，突出重点

在具体内容上，针对不同的对象、要素、污染物指标、监测环节、体现差异性、突出重点，主要体现在以下方面：

1）突出重点排污单位。尽管文本中有非重点排污单位的监测要求，但

标准的整个制定过程中，均以重点排污单位为主要考虑的基础，突出对重点排污单位的监测要求。

2）突出主要要素。根据监测的难易程度和必要性，重点对水污染物、气污染物排放监测进行考虑。噪声监测仅提出一般性的原则，固废仅提出记录要求。

7.3.5.3　有效衔接，查遗补漏

自行监测必须按照排放标准等各项管理规定执行，监测活动应遵循各项监测技术规范。对于已有标准和规范的内容，标准不进行重复规定，而是与现有的规定和规范进行有效衔接。当前规定和规范中未进行明确而又是自行监测必不可少的内容，在标准中进行规定。

7.3.5.4　立足当前，适度前瞻

为了提高可行性，标准的制定立足于当前管理需求和监测现状。首先，对于国际上开展监测，而我国尚未纳入实际管理过程中的内容，标准暂未进行规定；其次，对于管理有需求，但是技术经济尚未成熟的内容，在自行监测方案制定过程中，予以特殊考虑；最后，在具体内容设计时，对国内当前现状进行调研，对于当前基础较差的内容予以特别考虑。

同时，对于部分当前管理虽尚未明确但已引起关注的内容，采取适度前瞻，为未来的管理决策提供信息支撑的原则，予以适当的考虑。

第 8 章

自行监测信息管理系统
设计与开发

信息管理平台开发是大数据时代信息采集和应用的基础，也是信息管理的重要手段。为了统一全国自行监测数据信息采集，加强对自行监测数据的质量控制，也为了提升自行监测数据的应用水平，有必要开发国家自行监测信息管理系统。在对与污染源监测数据相关的污染源产生、治理、排放信息进行系统梳理的基础上，提出污染产生、污染治理、污染排放三个环节的信息链，并建设基础支撑库来进行规范。同时，为了实现对自行监测数据的多角度校验，设计了多源数据关联、可疑企业分析、基于 APP 的自行监测数据质控功能等。为了强化自行监测数据对环境管理的支撑，设计了排放量计算、超标预警、信息公开等功能。目前该管理系统还实现了与排污许可、固定污染源统一数据库、自动监测系统的衔接。

本章立足自行监测信息管理实际情况，对自行监测信息管理系统设计与开发的思路和实现路径，系统相关内容和功能的基本情况进行了介绍。可以为相关信息系统设计和开发提供借鉴。

8.1　自行监测信息管理系统需求分析

按照《国家重点监控企业自行监测及信息公开办法（试行）》的要求，排污单位自行监测快速推进，如何利用相关信息服务管理，同时也能够通过数据监管进而对自行监测行为进行监管，是各地面临的强烈需求和现实问题。为了满足这一要求，很多省份开发了本地污染源监测管理系统，通过对各省污染源监测系统的调研和分析发现，普遍存在系统以满足自行监测数据公开为目的、采集的信息缺少系统设计、信息量较少、数据格式不统一、难以满足支撑监测业务管理和服务环境管理的需求。

建设全国污染源监测数据管理系统，实现全国重点污染源排放自行监测与监督性监测数据统一采集、处理、评价、统计分析与共享，是污染源监测管理的重要内容。

8.1.1　实现全国重点污染源监测数据的统一采集

统一污染源监测数据采集标准，建立统一的数据采集平台，面向全国重点排污单位采集自行监测数据，包括排污单位基础信息、污染源信息、处理设施信息、监测方案、自动监测设备信息、手工监测数据和自动监测数据等各类数据；同时，满足各级生态环境部门录入监督性监测数据的需求。

8.1.2　支撑污染源监测业务管理

建立污染源监测业务管理系统，方便监测管理部门了解和掌握各地区、各行业排污企业自行监测、监督性监测的开展情况、污染源监测数据信息公开情况，为对企业自行监测开展情况和监督性监测开展情况进行考核提供支撑，为污染源监测管理制度制定和调整提供依据。

8.1.3　支撑环境管理的决策分析

建立污染源监测数据查询与分析子系统，结合"点、线、面"多种分析模式，实现查询的智能、有效和可定制，并将查询和分析结果结合 GIS进行综合展现；建立决策支持子系统，对监测信息进行达标评价分析，并结合专题地图进行展现；此外，实现报告的自定义设计和自动生成，为决策支持提供支撑。

8.1.4　实现监测信息公开，推动公众参与

建立监测公开平台，规范企业自行监测信息公开的内容、方式及时限，满足社会公众对污染源企业排放的环境知情权，推动公众参与监督，为新《环境保护法》要求的统一发布重点污染源监测信息的法定职责提供支撑。

总体而言，自行监测数据管理系统需求包含污染源监测数据采集需求、污染源监测业务管理需求、污染源监测数据分析与处理需求、污染源监测信息发布需求、污染源监测信息评价需求，见图 8-1。

8.2　立足全过程质控的数据结构设计

8.2.1　系统架构设计

在建设自行监测信息管理系统的过程中，充分考虑自行监测数据质量控制要求，采用面向服务的五层三体系的标准成熟电子政务框架设计，以总线为基础，依托公共组件、通用业务组件和开发工具实现应用系统快速开发、集成部署以及对外提供服务，以期实现政府主导、企业主体、公众充分参与和监督的污染源监测模式。系统由基础层、数据层、支撑层、应用层、门户层组成，其中：

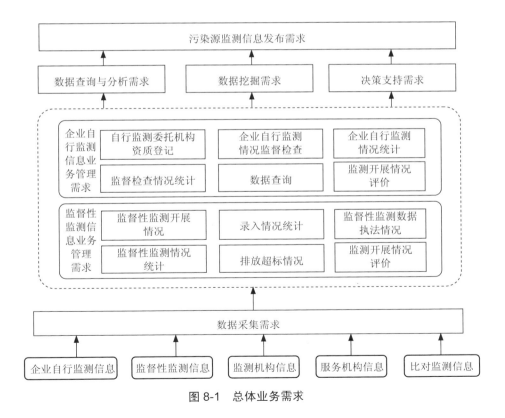

图 8-1　总体业务需求

数据层建设了基础数据库、元数据库，并在此基础上建设了污染源、监测点、监测设备、监测项目、执行标准等主题数据库、空间数据库，为数据挖掘和决策支持提供服务。

支撑层：依托应用支撑平台和环境能力建设项目相关公共服务平台，建设了本系统的数据交换、应用支撑等支撑组件，为与季报直报系统、在线监控系统、各省市级在线监控系统及各省级监测信息公开平台进行应用集成提供灵活的框架，也为将来业务变化引起的系统变化提供快速调整的支撑。

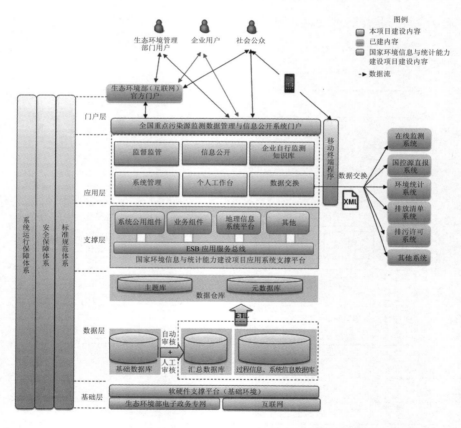

图 8-2　全国污染源监测数据管理与共享系统架构

应用层：开发了门户、数据采集、排放标准管理、监测业务管理、二噁英监测数据管理、数据查询与分析子系统、决策支持等业务应用子系统，通过数据交换实现与包括生态环境部数据中心、季报直报系统、在线监控系统、各省市级在线监控系统及各省级监测信息公开平台在内的其他系统对接。

门户层：面向生态环境部门用户、企业用户及公众用户提供互联网及移动互联网访问服务。

8.2.2　数据采集流程

排污单位首先进行基本信息维护，包括污染源企业的地址、规模、行业、控制级别、生产、产污治污、排放监测点位设置及执行排放标准等情况。然后进行企业污染源监测方案的填报和维护，在此基础上，开展监测数据的录入、审核、修改、维护、导入、导出、超标指标标记等工作。

具体数据采集内容主要包括企业基础信息、排放源信息、处理设施信息、监测方案、自动监测设备信息、监测结果等。监测要素包括废气、废水、无组织排放、厂界噪声、周边环境监测等。排污企业自动监测数据由企业在线录入，或通过地方平台数据交换方式采集。此外，还需要采集与自行监测相关的服务机构信息、自行监测运维机构信息、自动监测设备厂商信息。监测信息录入流程见图 8-3。

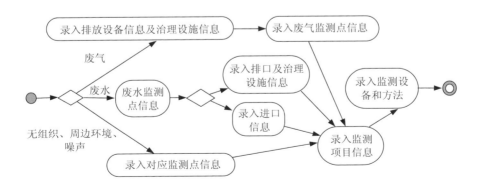

图 8-3　监测信息录入流程

8.2.3 采集信息及相关支撑库总体设计

按照环境管理和科学研究对污染产生、污染治理、污染排放三个关键环节的主要信息的需求，在国内外现有研究基础上，提出采集信息及相关支撑信息库总体设计框架，见图8-4，通过相关信息间逻辑联系有机结合，形成网络，共同服务于数据间的相互校核、校验，从而提高自行监测数据质量。

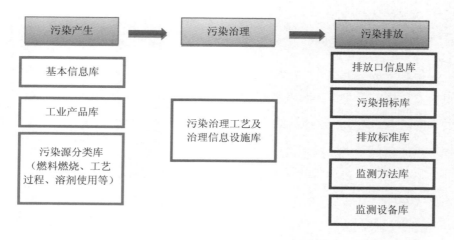

图 8-4　采集信息及相关支撑信息库总体设计

8.3　信息采集内容及支撑信息库建设

8.3.1　各要素采集信息内容设计

根据废水、废气（有组织、无组织）、噪声、周边环境质量的特点，对各要素采集信息内容进行总体设计，总体框架见图8-5，各要素框架设计见图8-6～图8-10，各部分的具体信息指标和内容见附录。

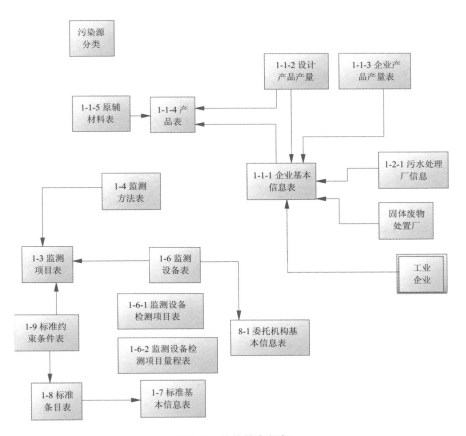

图 8-5 总体信息框架

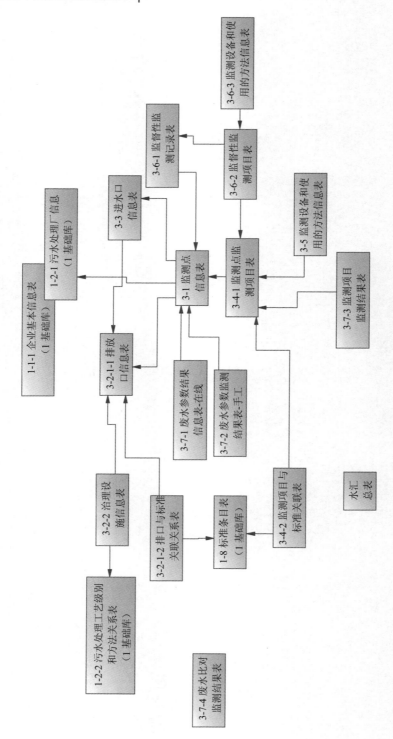

图 8-6 废水相关信息框架

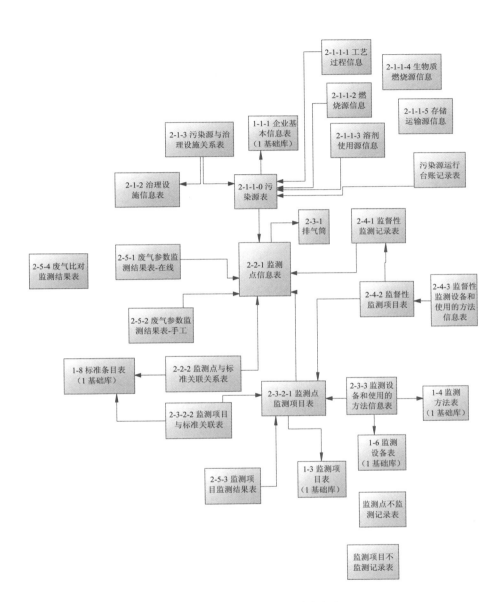

图 8-7　废气有组织相关信息框架

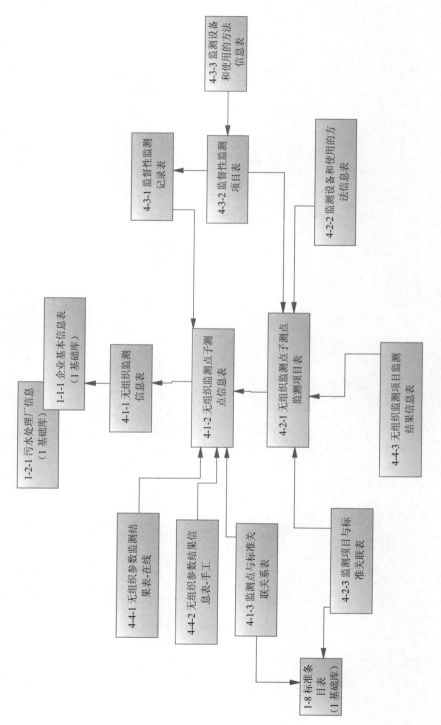

图 8-8　废气无组织相关信息

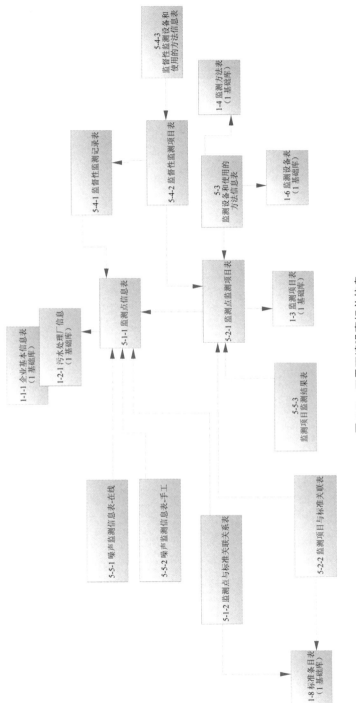

图 8-9　厂界环境噪声相关信息

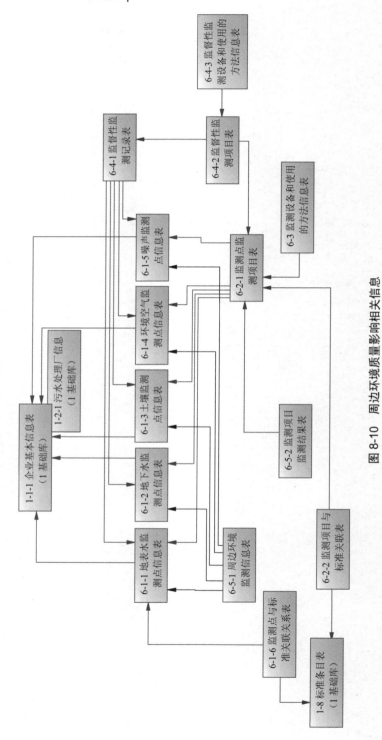

图 8-10 周边环境质量影响相关信息

8.3.2 排放标准与法律法规库

为实现自行监测数据达标评价，服务各级生态环境部门管理需求，推进实现污染源全面达标排放，在国家排放标准的基础上，增加了地方监测标准、流域环境标准、政策要求等一系列标准与法律法规库，覆盖水气土各要素，并预留了根据排污许可要求更新排放限值的要求，全面对接以排污许可为核心的污染源控制要求，实现对污染源的精准管控。对公众用户开放检索标准信息和查看标准详细信息功能，通过分类以及标准名称等条件检索标准，查看各地区的标准以及标准条目信息和详细信息，通过条目还可以查看监测项目中标准的上下限值，保证公众监督效果。信息交互界面见图 8-11。

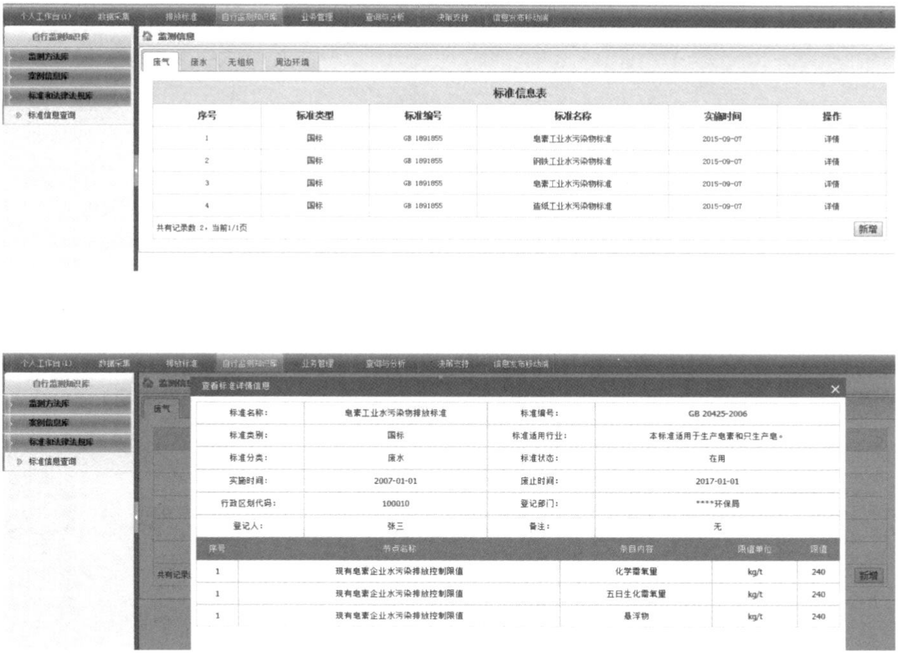

图 8-11 标准法规信息交互界面

目前共在监测信息管理系统中内置了 386 个排放标准信息，包括标准名称、标准编号、标准执行时间、标准条目，各类执行条件及污染物排放限值要求等，见表 8-1。

表 8-1　系统中内置排放标准数量　　　　　　单位：个

类别	所有标准	国家标准	地方标准	行业标准
数量	386	104	281	1

注：截至 2019 年 4 月 30 日。

8.3.3　监测方法库

首次将国家标准监测方法写入平台，在收集获取排污单位自行监测数据的同时，获得排污单位开展自行监测时使用的标准监测方法，通过监测方法检出限、测定下限等对监测数据进行校核，同时实现对监测过程的溯源。信息交互界面见图 8-12。

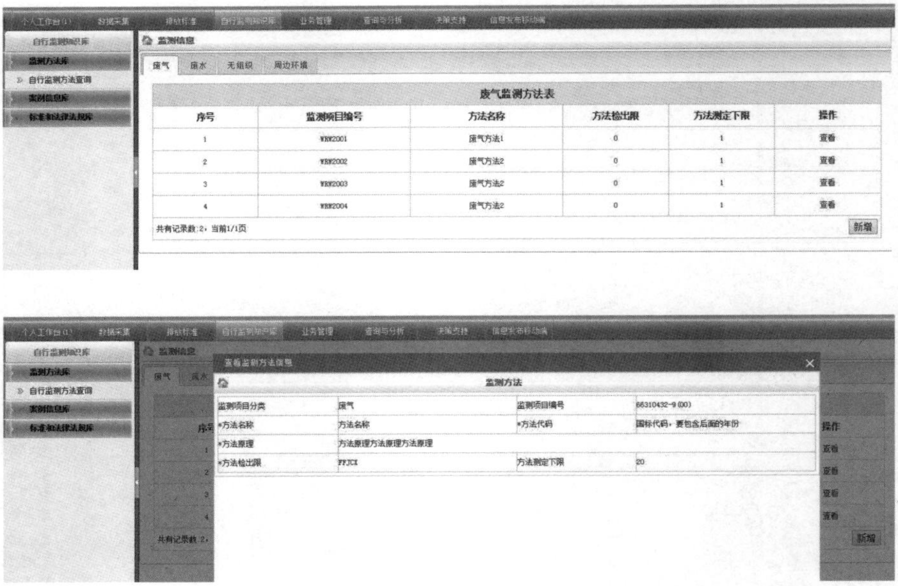

图 8-12　监测方法交互界面

截至 2019 年 4 月 30 日，共在监测信息系统中收录监测方法 288 条，涵盖水质与废水、废气与环境空气、土壤、噪声等各类监测方法，共涉及监测因子 139 项。

8.3.4　社会检测机构和运维单位信息

增加社会检测机构管理模块，对提供污染源监测服务的相关机构进行管理，实现了对排污单位自行监测监管延伸至社会检测机构和自动监测设备运维单位，在"放管服"改革取消了大量前置审批的大背景下，填补了以往的监管盲区，保证社会检测机构和自动监测设备运维单位在参与企业自行监测过程中全程留痕，登记服务机构违法记录，为环保、质检部门开展社会检测机构、自动监测设备运维单位工作质量检查提供了重要抓手。信息交互界面见图 8-13。

截至 2019 年 4 月 30 日，共录入 1 823 家委托机构相关信息。

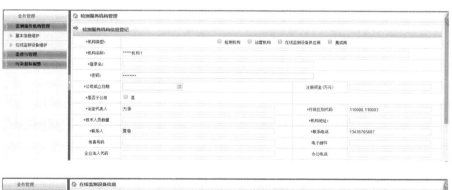

图 8-13　社会检测机构和运维单位信息交互界面

8.3.5　人员资质、设备管理功能

为从根本上保障监测数据质量，设计了本机构人员、设备管理功能，要求监测机构管理员对本机构下的人员和设备信息及时进行维护，包括人员基本信息、职务职称、计量认证持证情况、主要从事技术领域、设备清单、检定日期、有效期等，为自行监测工作的溯源奠定基础。信息交互界面见图 8-14、图 8-15。

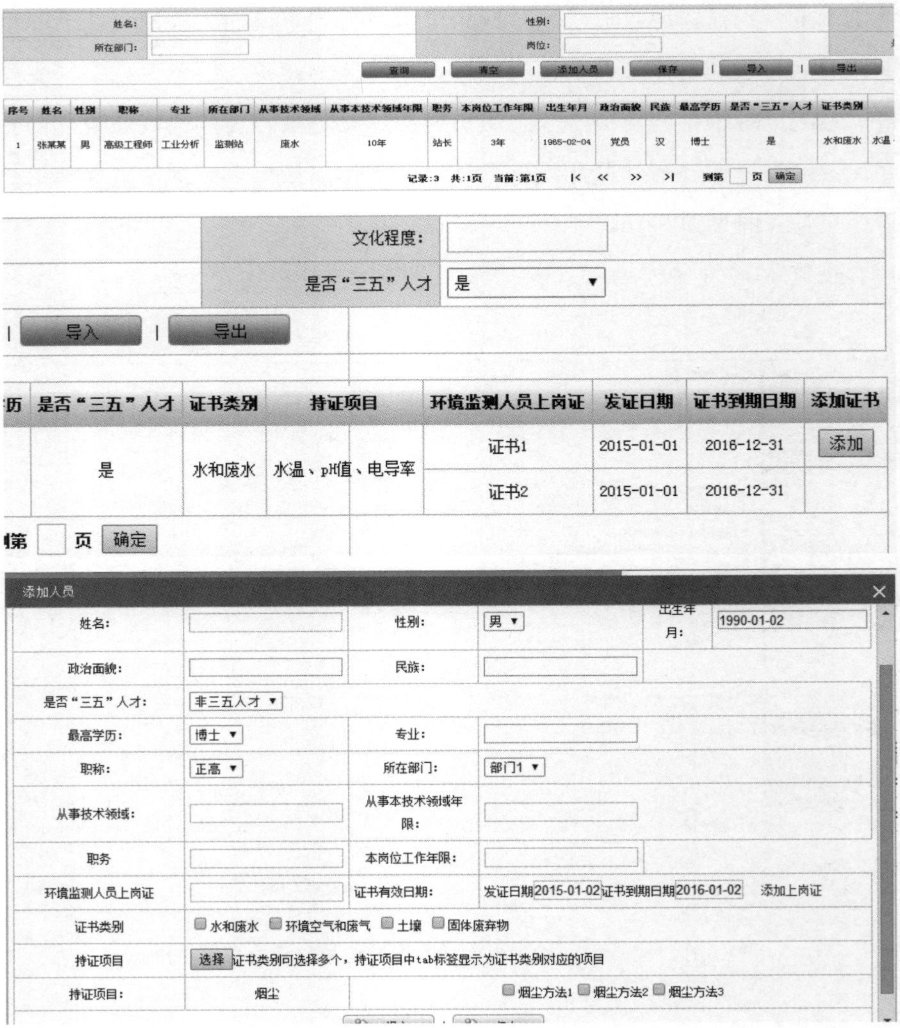

图 8-14　人员管理交互界面

图 8-15　设备管理交互界面

8.3.6　建设案例库并动态更新

为指导排污单位填报自行监测信息，提高数据质量，设计了典型案例信息库，对典型行业填报自行监测信息提供了可借鉴的模板，并基于环境管理发展情况，不断对案例库进行动态更新。信息交互界面见图 8-16。

图 8-16　典型案例库交互界面

8.4　多角度的自行监测数据校验

8.4.1　多源数据关联

在同一个数据平台上，为了实现多源数据的关联与检核，以排污单位为基本单位，将所有相关数据进行整合。实现对排污单位自行手工监测、委托社会化检测机构监测、自动监测、监督性监测等监测信息的同时采集和分析，既便于查看同一排污单位各类信息，也可以实现多源数据的对比，便于通过大数据手段，分析企业真实排放情况，实现对排污单位的精准把控，见图 8-17。

基本信息	自行监测数据	监督性监测数据	自行监测方案	年度监测报告	未开展监测信息

企业名称：	华能北京热电有限责任公司		曾用名：	
社会信用代码：	91110000X26000551M		组织机构代码：	·
企业类别：	工业企业		企业规模：	
注册类型：			行业类别：	火力发电

图 8-17　同一排污单位多源数据关联界面

8.4.2 可疑企业分析

通过行政区划、企业类别、企业规模企业类型、检测项目等条件统计在检测值段内所包含的企业数，可以看出所有企业在同地区、同行业、同种生产工艺及治理设施下的排放水平，提取可疑企业进行重点关注，给生态环境部门提供重点核查建议。同时可以查看各检测值段内所有企业的详细信息，见表 8-2、图 8-18。

表 8-2　可疑企业分析案例

使用案例名称	可疑企业分析	
主题领域	可疑企业分析	
行为角色	生态环境部门用户	
案例简述	生态环境用户根据条件统计在检测值段内所包含的企业数	
先决条件	具有生态环境用户权限	
终止结果	说明	影响终止结果的条件
案例说明	（1）生态环境用户进入可疑企业分析模块 （2）填写分析条件 （3）查询分析结果	
相关案例	用户注册，监测结果录入	
追朔至	监测结果录入	
业务规则		
输入概述	行政区划、企业类别、企业规模、企业类型、监测项目、起止时间	
输出概述	分析结果图表	

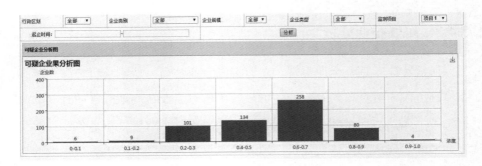

图 8-18　可疑企业交互界面

8.4.3　设计 APP 进行自行监测质控

为了便于实现现场监督检查对自行监测数据的质控，开发了"污染源监测"APP，能够实现自动定位和识别周边排污单位，见图 8-19 和图 8-20，并调取排污单位自行监测和监督性监测数据。若有需要，还可在企业详情内，见图 8-21，查看企业"基本信息""自行监测数据""监督性监测数据""自行监测方案""年度监测报告"和"未开展监测信息"。

图 8-19　自动定位

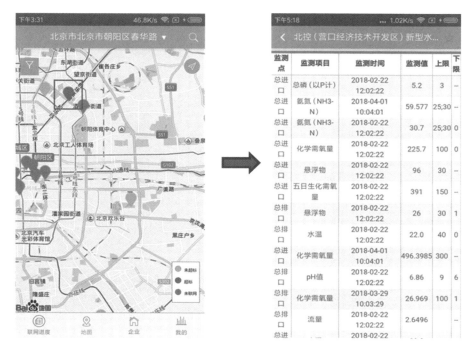

图 8-20　显示目标企业自行监测数据

下午5:19				... 14.7K/s	
基本信息	自行监测数据	监督性监测数据	自行监测方案	年度监测报告	未开展监测信息

企业名称：	华能北京热电有限责任公司	曾用名：	
社会信用代码：	91110000X26000551M	组织机构代码：	-
企业类别：	工业企业	企业规模：	
注册类型：		行业类别：	火力发电
企业详细地址：	北京市 北京市朝阳区高碑店路南　邮编：100023	企业地理位置：	中心经度：116° 32' 0" 中心纬度：39° 53' 0"
环保联系人：		联系电话：	传真
联系人手机：		电子邮箱：	hb2216@sina.com
单位平面图：		企业网址：	
法定代表人：	谷碧泉	企业类型：	
海域：		流域：	华北地区沿海诸河流域
排污许可证：		排污许可证发证日期：	2017-06-12

图 8-21　显示目标企业自行监测详细信息

8.5 监测结果分析、应用、公开功能设计

8.5.1 排放量计算功能

在传统进行浓度达标判定的基础上，增加了排放量计算及判定功能，有效服务于排污许可证后监管要求。企业用户通过此功能，可以选择自己的监测点上的监测项目进行排放量的计算。生态环境用户通过此功能，可以针对企业进行排放量的计算，也可以针对一个地区进行排放量的计算。交互界面见图 8-22。

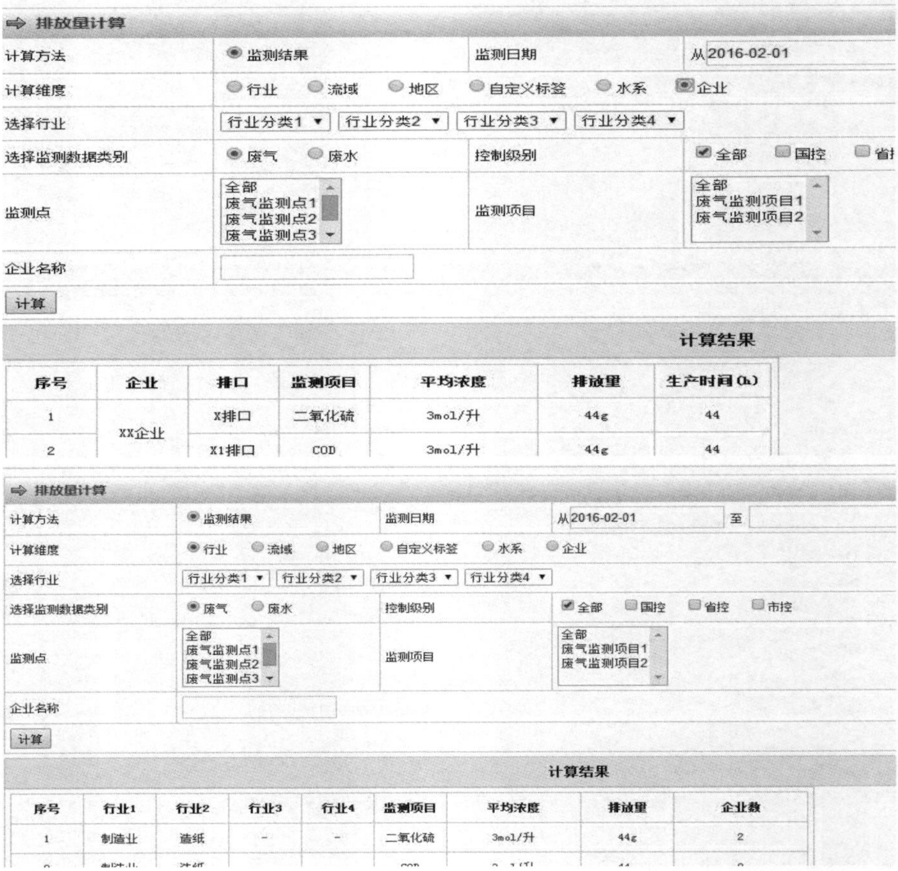

图 8-22 排放量计算交互界面

8.5.2　排放超标预警功能

　　设置分级信息提醒与报警功能，保证排污单位、委托监测机构、生态环境用户均能够及时收到异常排污信息。便于各级生态环境管理部门及企业及时了解企业污染物排放是否超标；并对超标企业进行追踪处理。基于GIS地图，满足各级用户在公布平台上利用空间地图显示超标企业的位置、超标项目等报警信息。定期（日/周/月/季度/年度）生成超标简报。满足企业、各级监测部门定期生成污染源监督性监测及自行监测超标情况简报，附超标名单及超标结果，根据需要向相关用户推送有关信息。交互界面见图 8-23。

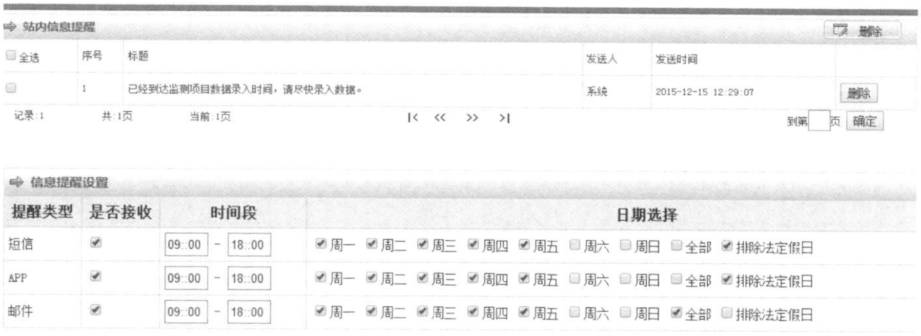

图 8-23　信息提醒交互界面

8.5.3　排污单位自行监测信息公开功能

　　为公众提供重点污染源企业自行监测详细信息，包括企业基本信息、监测方案、监测结果（包括废水、废气、周边环境质量和噪声等）、未开展自行监测原因、污染源监测年度报告等信息。企业应将自行监测工作开展情况及监测结果向社会公众公开，公开内容包括：

　　（1）基础信息：企业名称、法人代表、所属行业、地理位置、生产周期、联系方式、委托监测机构名称等；

（2）自行监测方案；

（3）自行监测结果：全部监测点位、监测时间、污染物种类及浓度、标准限值、达标情况、超标倍数、污染物排放方式及排放去向；

（4）未开展自行监测的原因；

（5）污染源监测年度报告。

8.6 自行监测信息系统与其他系统共享和衔接情况

8.6.1 与排污许可平台的衔接

目前自行监测信息管理系统已实现与排污许可平台的衔接，自行监测信息可以直接为排污许可制度提供支撑。

8.6.1.1 排污许可管理系统到监测数据管理系统传输

监测系统内通过接口形式获取《全国排污许可证管理信息平台》内的发证企业基本信息和监测方案信息，包括大气污染物排放信息、废水污染物排放信息及自行监测数据。具体对接方式如下：匹配企业注册信息→清除当前编辑下方案信息→获取发证信息→获取大气污染物排放信息→获取废水污染物排放信息→获取自行监测要求数据。

8.6.1.2 监测数据管理系统向排污许可管理系统传输数据

登录许可平台后，已发排污许可证企业可免登录跳转到全国污染源监测信息管理与共享平台。

目前针对排污许可系统，基于污染源监测管理系统，开放了一个表结构与正式库一样的中间库（eap），且涉及所有结果数据和方案信息的表，同步频次为一天一次，见图 8-24～图 8-26。

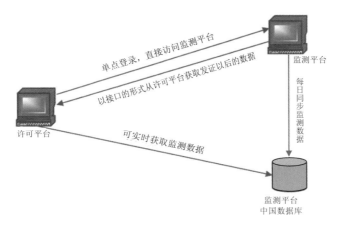

图 8-24　监测数据管理系统与排污许可系统衔接总体实现路径

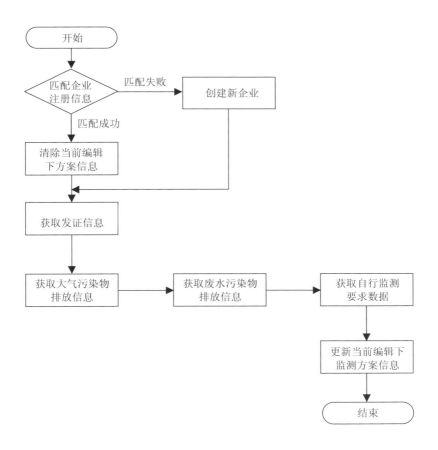

图 8-25　监测数据管理系统对排污许可系统中信息的处理过程

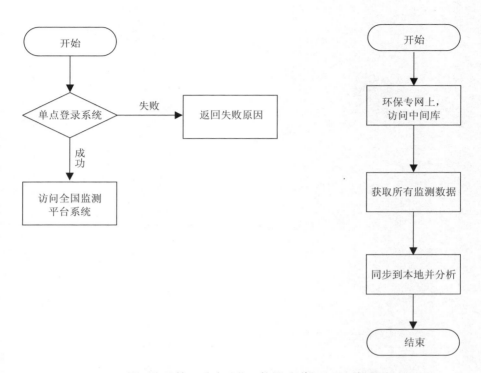

图 8-26　排污许可管理系统对监测数据系统的访问及数据处理

8.6.2　与固定污染源统一数据库的衔接

根据生态环境部信息中心固定污染源统一数据库建设要求，实现污染源监测数据系统与之对接。

如果查询污染源存在，业务系统需验证返回的污染源信息是否为同一污染源（因涉及一企多源），如果污染源一致（同一污染源），那么业务系统更新固定源编码。如果污染源不一致（不是同一污染源），则调用新增接口，最终返回 json 格式的固定源信息。

如果查询污染源不存在，那么调用工商库接口，输入参数为统一社会信用代码或组织机构代码或污染源名称，如果工商库接口返回查询结果，那么业务系统调用新增接口，最终返回 json 格式的固定源信息。如果工商库接口不能返回查询结果，那么返回 json 格式的错误信息。见图 8-27、图

8-28。

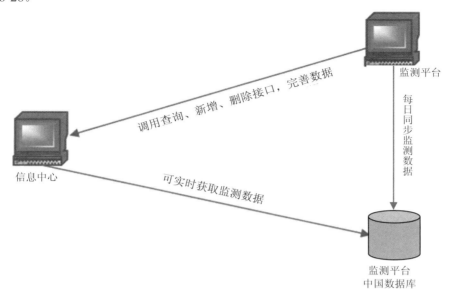

图 8-27　监测数据管理系统与固定污染源统一数据库衔接总体实现路径

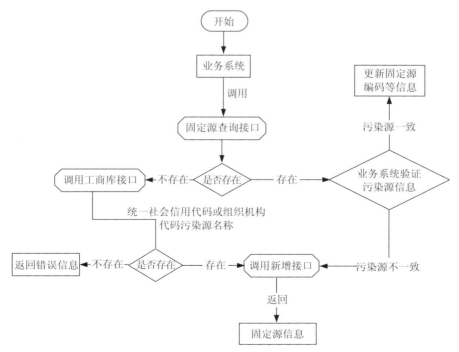

图 8-28　监测数据管理系统与固定污染源统一数据库衔接实现流程

8.6.3 与自动监测系统的衔接

从省级层级，实现监测数据管理系统与自动监测平台的衔接，进而实现国家级监测数据管理系统与自动监测平台的衔接。主要通过数据交换工具，由各省向国家上传在线数据，见图 8-29。

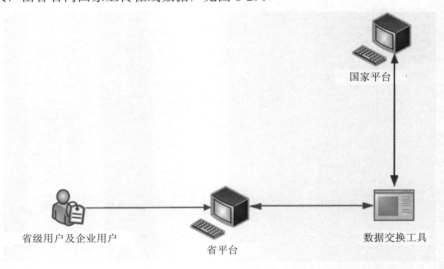

图 8-29 省级自动监测系统与国家级监测信息管理系统衔接

第9章

自行监测监督检查技术研究

　　长期以来，我国更多采取以政府为主导的单一化管制型环境治理模式，实践证明，这种治理模式会带来监管效果的低效和政府无力承受的疲惫，这实质上是多元政治力量博弈过程中主体缺位的问题。"十一五""十二五"期间，随着总量减排的推进，污染源监测得到各级生态环境部门的重视，污染源监测工作逐步走向规范化，但主要依靠管理部门的监督性监测，排污单位污染源监测责任严重缺位。党的十八大以来，我国生态文明建设和环境保护着眼于落实地方党委政府环境保护责任和企事业排污单位污染治理主体责任两大主线。随着新修订《环境保护法》，以及固定污染源排污许可制度的实施，排污单位自行监测地位得到空前强化。然而，与监督性监测相比，排污单位自行监测的基础相对薄弱，社会各方的认识程度、开展的广泛性、监测过程和数据的质量控制都处于较低水平。

　　污染源监测是污染防治的重要基础，排污单位自行监测在固定污染源排污许可制度中占据重要地位，自行监测实施质量直接影响排污许可制度实施效果。自行监测监督检查是提升数据质量的重要保障，监督的作用主要是确定责任主体的执行效果。我国排污单位自行监测尚处于起步阶段，监督检查技术研究严重不足，在对国内外情况研究的基础上，提出自行监测监督检查技术体系及实施路线图，以期为自行监测监督管理提供借鉴。

9.1　国内外污染源监测监督检查技术状况

9.1.1　我国污染源监测监督检查技术现状

　　我国污染源监测监督检查技术研究相对较少，主要以管理应用为驱动，以管理文件为载体，在实践中发展完善。我国污染源监测监督检查技术自"十一五"时期，在总量减排的推动下开始发展，按照监督检查对象可以分为监督性监测、自动监测、排污单位自行监测三类。

　　对于监督性监测，为了提升数据质量，中国环境监测总站研究制定了国控重点污染源监测质量核查办法。从核查对象来说，该办法主要针对省、市两级环境监测机构;从监测方式来说,该办法主要针对手工监测内容,该办法中提出室内核查(包括污染源监测质控检查和质控样考核)和现场核查(包括对污染源监测现场操作检查和同步比对监测核查)两种方式,并提出各类检查的内容和结果评价方法。监督检查的技术依据主要是相关监测技术规范、管理要求。

对于自动监测,生态环境部印发了自动监测设备有效性审核办法和监督考核规程,对自动监测监督考核主要包括比对监测和现场核查两方面内容。对于比对监测,中国环境监测总站研究制定了《污染源自动监测设备比对监测技术规定(试行)》,提出了比对监测方法、质量保证、结果评价方法。监督检查的技术依据为正式发布实施的自动监测技术规范。

对于排污单位自行监测,目前的监督检查主要是针对监测行为,包括是否开展监测、监测方案是否完善、是否依监测方案开展监测。针对监测行为规范性、监测数据质量、监测结果合理性的监督检查尚处于几乎空白的状态。

除了实际应用外,冯晓飞(2017)等提出政府的污染源环境监督制度设计,唐桂刚(2013)等提出堰槽式明渠废水流量监测数据有效性判别技术。

9.1.2 国外污染源监测监督检查技术现状

9.1.2.1 美国污染源监测监督检查技术状况

在美国,废水和废气分别通过"国家消除污染排放制度"(National Pollutant Discharge Elimination System,NPDES)许可和运行许可证(Operating Permits)明确排污单位开展监测的要求,美国国家环境保护局(US EPA)依此对持证单位自行监测开展监督检查。

废水自行监测监督检查包括以下几类:达标评估检查,不进行采样,只进行记录文件的审查;采样检查,审核被许可者自行监测和报告的准确性;绩效审计核查,从许可证持有者的采样程序、流量测量、实验室分析、数据的整理和报告等方面对其自行监测进行评估；执行生物监测的审查，针对毒性测定技术以及相关记录评估；侦查性的检查，对许可证持有者的处理设施、排放和受纳水体等做一个简短的目测审查，以判断与自行监测数据是否吻合。

废气自行监测监督检查主要依据 US EPA 制定的固定源合规监测策略，包括全合规评估、部分合规评估、合规调查 3 种类型和现场检查、非现场记录检查 2 类方式。

在美国，在根据监测数据编写守法报告之前，需要对监测数据进行处理，这实质上是对监测数据的审核。另外，许可证监督管理部门还会依托排污许可管理系统对包括自行监测数据在内的资料进行审查，这也是一种对监测数据检查的方式。美国自行监测已相对成熟，而我国目前自行监测的管理水平严重落后，基于数据分析的监督检查应该加强。

9.1.2.2　欧洲污染源监测监督检查技术状况

欧洲与美国的排污许可制度基本类似，无论是针对空气污染还是水污染，都是通过排污许可证制度进行监督管理，形成了从申领、核发、监督管理全流程的完善政策体系，已经完善运行了几十年的时间。针对污染源监测管理，主要是排污许可证中的污染源监测方法的制定、执行和监管。通过设计科学的监测核查方案、记录报告和问责处罚机制保证点源可以实现连续达标排放。监测方案设计需要结合管理需求和监测能力，排污单位自测方案由排污许可证规定，监督性监测方案应基于企业自测方案，主要的作用是核查。

9.1.2.3　日本污染源监测监督检查技术状况

按照规定日本固定污染源企业向公共水域排放废水或向特定地下渗水、产生烟尘粉尘的企业需要向都道府县知事申报企业基本信息、特定设施种类构造使用管理方法、废水、烟尘、粉尘等处理方法、排水去向等内容，自行监测外排水或特定地下渗水的污染状态、烟尘粉尘浓度及污染负荷量并记录结果，使其遵守相关排放标准及总量控制标准。

都道府县知事根据政令规定可以派其职员进入企业，对污染物产生排放设施、处理设施、特定设施及其他设施等监督检查，大气、水污染源现场检查手册对现场检查的计划制定、事前准备、现场检查的实施、检查后相应处理措施等进行了明确规定，其中对废水处理设施现场检查的内容主要包括：对特定设施、其他设施的生产制造工艺、企业运行情况、使用原辅材料情况、有毒有害物质的存储等企业基本情况检查；对污水处理设施药物使用情况、设施运行情况、污泥处置情况、污水排放情况等污水处理设施情况检查；对排污口、排污管线、地下水渗透点等排放状况的检查；对企业自行监测状况的原始记录、监测结果、质控措施、自动监测设备的运行维护及相关管理制度的检查；对排放污水、周边地下水或土壤影响的采样分析监测。

9.2　排污单位自行监测监督检查方式与内容设计

9.2.1　监督检查方式

排污单位自行监测监督检查的目的是检查排污单位是否按照监测技术规范开展监测，监测数据是否满足监测质量管理要求，这是对排污单位自行监测实施监督管理的基础，也是依据自行监测数据开展污染源监督管理的基础。为了支撑自行监测制度的实施，提出了"基于人工网络抽查的执行情况检查—基于数据统计分析的可疑数据识别—基于现场全面评估的全面检查"逐步递进的三个层次监督检查技术，并相互衔接。

基于人工网络抽查的执行情况检查技术是针对排污单位公开的自行监测信息开展的监督检查，是检查排污单位监测信息公开全面性、合理性和及时性的手段。通过访问排污单位自行信息公布平台网址进行联网检查，重点检查监测方案的合理性、监测信息公开的真实性和监测结果公开的及时性。通过人工网络抽查一方面可以掌握排污单位自行监测及信息公开情况、发现存在的问题，另一方面可以为污染源管理提供重点线索，为开展基于数据分析和现场检查收集基础素材。

基于数据分析的监督检查技术是针对监测结果的监督检查，是检查排污单位报送的监测数据是否合理的主要手段。这类监督检查通过对监测数据的分析，及时识别异常数据并进行报警，从而可以初步判定监测数据的有效性，为排污单位现场检查提供线索。这类检查可以连续开展，从而对排污单位形成持续的压力，且成本较低，可操作性强，但往往不够确定，只能发现疑似问题，最终还需要排污单位补充信息或者现场核查才能够确定。

基于现场检查的监督检查技术是针对监测活动开展的监督检查，是检查排污单位监测活动开展真实性、规范性的手段。这类监督检查与基于数据分析的监督检查相比，检查可以更加全面，检查结果更加确定，但是检查成本往往较高，频次不宜过高。美国每 1～2 年开展一次现场检查。

9.2.2　基于人工网络抽查的监督检查内容

9.2.2.1　抽查对象及数量

排污单位自行监测网络抽查的基数为依据《排污许可管理办法（试行）》《固定污染源排污许可分类管理名录》要求，取得排污许可证 3 个月以上的企事业单位。对于检查基数少于 600 家（含）的省（区、市），随机抽查企业数量不少于 30 家；检查基数介于 600～1 000（含）家的省（区、市），随机抽查企业数量不少于 40 家；检查基数介于 1 000～3 000（含）家的省（区、市），随机抽查企业数量不少于 50 家；检查基数多于 3 000 家的省（区、市），随机抽查企业数量不少于 80 家。

9.2.2.2　抽查主要内容及技术要点

对于抽查的排污单位主要从以下三个方面开展网络抽查：

1）监测方案的合理性：监测方案中监测点位是否全面，并符合环评报告及批复等管理要求。监测指标和监测频次是否达到排放标准和有关办法的要求；

2）监测信息公开的真实性：对照公布的自行监测方案，检查信息公开平台是否确实全部公布了监测数据，是否如实公布监测信息；

3）监测结果公开的及时性：手工监测和自动监测结果是否及时公开，企业的基础信息以及上年度自行监测年度报告是否及时公开。见表 9-1。

表 9-1　排污单位自行监测抽查主要技术要点

检查内容	检查要点	审核说明	备注
监测方案的合理性	监测方案中监测点位是否全面，并符合环评报告及批复等管理要求；监测指标和监测频次是否达到排放标准和有关办法的要求	（1）监测点位不全，扣减监测完成率 1%；（2）监测方案中监测指标不全的，该地区监测完成率扣减 0.5%，该企业各监测点位累计缺少 5 个监测指标及以上的，监测完成率扣减 1%；（3）监测方案中监测频次明显低于要求的，监测完成率扣减 0.5%	同一家企业累计扣减不超过 1%
监测信息公开的真实性	对照信息中监测点位、项目、频次是否欠缺	（4）与监测方案相比不全的，监测完成率扣减 0.5%，缺少多个点位或指标的，监测完成率扣减 1%。存在（1）、（2）、（3）或（4）任一类问题的，监测结果公布率同时扣减 0.5%	
	对照信息公开台账，检查信息公开平台是否确实全部公布了监测数据	（5）一家企业存在未真实公布数据的，发现 1 次，监测完成率和公布率同时扣减 0.5%，发现多次的，同时扣减 1%	
	对照信息公开台账，检查企业是否确实公布数据	（6）发现一家企业根本未公布数据的，监测完成率和公布率同时扣减 2%	
监测结果公开的及时性	手工监测和自动监测结果是否及时公开	（7）发现一家企业监测结果公开不及时，监测完成率和公布率同时扣减 0.5%	
	企业的基础信息以及上年度自行监测年度报告是否及时公开	（8）发现一家企业未公开企业基础信息或未及时公开自行监测年度报告，监测完成率和公布率同时扣减 0.5%	

9.2.3　基于数据分析的监督检查内容

按照数据标识判别、单源数据分析、多源数据分析三个层次对监测数据进行分析，以识别监测数据存在的问题。这类监督检查可借助计算机语言实现自动处理为主，人工判断为辅。

9.2.3.1　数据标识判别

数据标识判别的目的是检查数据报送过程中是否存在低级错误或者仪器故障，同时检查监测技术规范、监测方法、结果评价等对监测数据属性的要求是否得到正确标识，这是数据统计分析的基础。

（1）异常数据的识别与剔除

首先，检查数据的逻辑合理性，对明显不符合逻辑判断的数据进行标识。如治理设施出口浓度明显高于治理设施进口浓度；燃烧废气含氧量接近空气含氧量水平；物质总体表征指标明显低于部分物质表征指标（如总氮与氨氮）等。

其次，检查数据是否符合经验判断，对明显偏离经验范围的进行重点检查核实。如单位燃料排气量、单位产品排水量、常见治理工艺处理水平与监测结果的匹配性等。

（2）自动监测数据的修约与标识

现阶段，排污单位自行监测数据采用直传的方式，所有仪器测试结果直接上传，但根据自动监测技术规范仪器故障期间、失控时段、其他无效时段数据无效，应按规范进行替代或修约处理，且修约数据仅用于排放量的核算，因此，污染物浓度和烟气参数数据应进行标识，不用于统计分析。

（3）非正常工况时段的标识

排污许可证申请与核发技术规范中提出非正常工况的概念，对于锅炉、炉窑等设备开启、停用前后特定时段内，部分污染物排放浓度进行豁免，即考虑到从技术上无法实现治理设施正常运行，故不对该时段内特定污染物浓度进行达标判定。该时段的监测结果也应该进行标识，统计分析中单独进行考虑。

9.2.3.2 单源数据分析

单源数据分析是指针对具体排放源排放数据的统计分析，可判断具体排放源数据与外部数据的相关性和趋势偏离状况，单源数据分析是多源数据分析的基础。

1）与执法监测和监督检查结果对比。分析自行监测数据排放水平与执法监测情况是否匹配，与治理设施运行监督检查发现的问题是否相符。

2）与排放限值对比。由于排放存在波动性，排污单位为了实现稳定达标排放，且尽可能降低运行成本，排污单位一般会努力将排放控制在低于排放限值的某一特定水平。如对某典型火力发电企业的数据进行分析，二氧化硫、氮氧化物浓度限值分别为 35 mg/m^3、50 mg/m^3，平均浓度分别为 16.5 mg/m^3、37.8 mg/m^3，90%的二氧化硫浓度分布在 10～25 mg/m^3，94% 的氮氧化物浓度分布在 30～45 mg/m^3。数据集中分布区间下限过低或上限过高都应该作为检查的重点。

3）指标间关联关系分析。同一排放源不同指标间往往存在一定关联关系，可通过不同指标间的关联关系分析对数据进行检查。如造纸企业碱回收排放源的二氧化硫和氮氧化物排放浓度具有较明显的负相关关系，可依此对碱回收排放数据进行分析。

4）数据统计学指标变化监控。在污染治理设施未发生明显改变的前提下，一般来说，监测数据的统计学指标不应当发生显著变化，若发生变化，则有必要对数据和实际情况进行核实。统计指标应简明直观，可考虑对平均值、中位数、5 和 95 百分位数（即假定 5%～95%的 90%数据为合理范围）进行重点监控。

9.2.3.3 多源数据分析

多源数据分析是以单源数据分析为基础，用所有同类源作为该类源排放的平均水平，分析某个源在同类源中所处位置，对处于较高或较低排放水平的源进行重点关注。以 5 和 95 百分位数排污单位的监测数据的 5 和 95

百分位数作为界限，对处于该范围之外的排污单位视为数据存疑，重点进行检查核实。

单源和多源数据分析中涉及的具体评价指标和划分界限，需要根据大量数据进一步实证后确定。

9.2.4 基于现场检查的监督检查内容

自行监测现场监督检查涵盖内容多而杂，应重点检查活动实施、监测仪器设备、质控方案、现场操作等几个方面的内容。以下内容重点针对自承担监测任务的情况，对于委托第三方检测机构开展自行监测的，涉及对第三方检测机构的检查，检查内容应更加专业，需要单独研究论证。

9.2.4.1 监测方案

对照排污单位实际排污状况和自行监测方案，检查排污单位是否依照相应的自行监测技术指南和管理规定合理设计监测方案，是否存在点位、指标的遗漏的状况，监测频次设置是否合理，见表 9-2。

表 9-2 监测方案检查技术要点

序号	检查技术要点
1	是否制定监测方案
2	监测方案的内容是否完整：包括单位基本情况、监测点位及示意图、监测指标、执行标准及其限值、监测频次、采样和样品保存方法、监测分析方法和仪器、质量保证与质量控制
3	监测点位图是否完整
4	监测点位数量是否满足自行监测指南的要求
5	监测指标是否满足自行监测的要求
6	监测频次是否满足自行监测的要求
7	执行的排放标准是否适用
8	采样和样品保存方法选择是否合理
9	监测分析方法选择是否合理，是否优先执行国家或行业分析方法标准
10	监测仪器设备（含辅助设备）选择是否合理
11	是否有相应的质控措施（包括空白样、平行样、加标回收或质控样、仪器校准等）

9.2.4.2 监测活动实施

与针对省、市监测机构的监测不同，类似美国目测式的监督检查方式，通过检查是否有开展相应监测项目的监测场地（实验室）、监测人员、仪器设备，监测人员是否具备开展相应监测项目的能力，具体监测仪器是否有使用痕迹，分析测试所需的试剂和耗材购买单据与监测活动的开展是否匹配，对排污单位是否真实开展了所报送监测数据的监测活动进行判断，见表 9-3。

表 9-3　监测活动实施检查技术要点

序号		检查技术要点
1	基础检查	排污口是否进行规范化整治，是否设置规范化标识，监测断面及点位设置是否符合相应监测规范要求
2		监测点位是否按方案均开展监测
3		各监测指标是否按方案开展监测
4		监测频次是否按方案开展监测
1	委托手工监测	检测机构的能力能否满足自行监测指标的要求
2		是否为排污单位提供有 CMA 资质印章的监测报告
3		采用的监测分析方法是否与方案一致
4		监测人员是否具有相应能力（如学历资格、技术培训考核等自认定支撑材料）
5		实验室设施是否能满足分析基本要求，环境是否干净整洁，是否存在测试区域监测项目相互干扰的情况
6		仪器设备档案是否齐全，记录内容是否准确、完整，是否张贴唯一性编号和明确的状态标识、是否存在使用检定期已过期设备的情况
7		是否能提供仪器校验/校准记录；校验/校准是否规范，记录内容是否准确、完整
8		是否能提供原始采样记录；采样记录内容是否准确、完整，是否至少2人共同采样和签字；采样时间和频次是否符合规范要求
9		是否能提供监测样品等需要交接的样品交接记录；样品交接记录内容是否规范、完整
10		是否能提供样品分析原始记录；对原始记录的规范性、完整性、逻辑性进行审核
11		是否能提供质控措施记录；记录是否齐全，记录内容是否准确、完整

序号		检查技术要点
1	排污单位手工自测	采用的监测分析方法是否与方案一致
2		监测人员是否具有相应能力（如学历资格、技术培训考核等自认定支撑材料）
3		实验室设施是否能满足分析基本要求，环境是否干净整洁，是否存在测试区域监测项目相互干扰的情况
4		仪器设备档案是否齐全；记录内容是否准确、完整；是否张贴唯一性编号和明确的状态标识；是否存在使用检定期已过期设备的情况
5		是否能提供仪器校验/校准记录；校验/校准是否规范；记录内容是否准确、完整
6		是否能提供原始采样记录；采样记录内容是否准确、完整；是否至少 2 人共同采样和签字；采样时间和频次是否符合规范要求
7		是否能提供监测样品等需要交接的样品交接记录；样品交接记录内容是否规范、完整
8		是否能提供样品分析原始记录；对原始记录的规范性、完整性、逻辑性进行审核
9		是否能提供质控措施记录；记录是否齐全，记录内容是否准确、完整
1	在线设备自动监测	自动监测设备的安装是否规范：废水在线符合 HJ/T 353 等的规定，采样管线长度应不超过 50 m，流量计是否检定合格且在有效期内；废气 CEMS 符合 HJ 75 的规定，采样管线长度原则上不超过 70 m，不得有 "U" 型管路存在
2		自动监测点位设置是否符合 HJ 75、HJ/T 353 等规范要求，手工监测采样点是否与自动监测设备采样探头的安装位置吻合
3		监测站房是否满足要求，是否有空调、温湿度计、灭火设备等
4	在线设备自动监测	设备使用和维护保养记录是否齐全，记录内容是否完整
5		是否定期进行巡检并做好相关记录，记录内容是否完整
6		是否定期进行校准、校验并做好相关记录，记录内容是否完整；检查校验记录结果和现场端数据库中记录是否一致
7		标准物质和易耗品是否满足日常运维要求；是否定期更换、在有效期内，并做好相关记录，记录内容是否完整
8		设备故障状况及处理是否做好相关记录，记录内容是否完整
9		对缺失、异常数据是否及时记录，记录内容是否完整
10		废水在线检查标准曲线系数、消解温度和时间等仪器设置参数是否与验收调试报告一致；废气 CEMS 伴热管线设置温度、冷凝器设置温度、皮托管系数、速度场系数等仪器设置参数是否与验收调试报告一致，量程设置是否合理

9.2.4.3　监测仪器设备

　　监测仪器设备是监测数据质量保证的基础，根据实际调研情况，排污单位对监测仪器设备的认识相对不足，购买非专业或不符合要求的仪器设备开展监测的可能性较大，应对监测仪器设备进行专门监督检查。检查仪器设备是否通过适用性检测、是否定期到计量部门进行检定、是否按照仪器设备维护说明书进行维护。对于自动监测设备，除检查仪器设备外，还应重点对相关干扰因素是否消除进行检查。

9.2.4.4　质量控制方案

　　检查排污单位是否按照本单位监测项目要求建立质量控制体系，是否按照监测技术规范和具体的方法要求开展质量保证与质量控制措施，具体可参照 HJ 819 第 6 章监测质量保证与质量控制进行检查。

9.2.4.5　现场操作规范性

　　现场操作是否规范可参照国控重点污染源监测质量核查办法中的方法，对排污单位相应监测人员进行现场操作检查和质控样考核，以判断排污单位监测人员现场监测规范性和监测能力。

9.2.4.6　监测结果可比性

　　监测结果可比性可参照国控重点污染源监测质量核查办法中同步比对监测的方法开展，用于检查是否存在系统性的差异。

9.3　自行监测监督检查实施路线

　　自行监测监督检查可以由不同级别环境管理部门组织开展，监督检查涉及内容较多，但并不需要对所有排污单位都进行全面检查，可按照图 9-1 中的实施路线开展，不同级别的监督检查机构可根据实际情况确定监督检查的重点。将监督检查分为两大阶段：基于数据的监督检查和基于现场检查的监督检查。

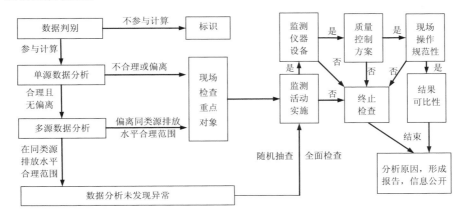

图 9-1　自行监测监督检查实施路线

首先，对排污单位报送的监测数据进行全面检查，对数据进行分类标识；其次，对应参与计算的数据，进行分析计算，形成单源分析结果；第三，综合同类源所有单源分析结果，识别监测结果偏离合理范围排污单位。单源分析和多源分析中发现的不合理或偏离单源或多源合理范围的，应作为现场检查的重点对象，同时结合监管需要的随机检查和全面检查要求，确定现场检查排污单位名录。

现场检查可按照由简到繁的次序开展，按照是否如实开展监测、仪器设备是否符合要求、是否有质量控制方案、监测现场操作是否规范、监测结果是否可比等五个层次来开展，每一项都是后面几项的基础，故中间任何一项检查发现问题，都可以终止检查。所有检查完成后，应分析原因，形成报告，公开信息，供排污单位整改完善和公众监督。

9.4　自行监测监督检查试点

自行监测监督检查涉及行业繁多，覆盖废水、废气、噪声、周边环境等全部环境要素，为检验自行监测监督检查技术的科学性、全面性和实用性，我们选取了典型区域和重点行业开展了联网数据分析检查和现场技术检查试点。对上海、江苏、浙江、安徽 4 个地区 246 家应开展自行监测的废水重点排污单位自行监测质量进行了技术检查，包括污水处理厂、化工、纺织等重点排污单位。对山西、河南、陕西 3 个省份 313 家应开展自行监测的废气重点排污单位自行监测质量进行了技术检查，包括火电、水泥、钢铁、化工等重点排污单位。通过试点应用发现的主要问题，进一步完善了排污单位自行监测监督检查技术要点和内容设计。

9.4.1　自行监测检查整体情况

对 559 家重点排污单位自行监测质量进行了技术检查，整体较为规范的占 64.9%，基本规范的占 31.7%，不规范的占 3.4%，见表 9-4。

表 9-4　企业自行监测质量技术检查整体情况

类型	检查企业数量	企业占比/%		
		较为规范	基本规范	不规范
废水	246	65.0	32.1	2.8
废气	313	64.9	31.3	3.8
合计	559	64.9	31.7	3.4

9.4.2　自行监测检查分析

现场检查发现，监测方案内容不完整的排污单位占 84.6%、监测指标不满足自行监测技术指南要求的占 76.8%、监测点位数量不满足自行监测技术指南要求的占 55.7%。反映出排污单位对自行监测方案的编制还不够重视，没有严格按照排污许可证申请与核发技术规范和行业自行监测技术指南的要求认真编制监测方案。尤其监测点位、监测指标的缺失，造成考核公布率虚高，严重影响了自行监测工作的推进。

废水重点排污单位存在问题企业比例最多的是监测方案中列出的质控措施不科学合理或不具体（无空白样、平行样、加标回收或质控样、仪器校准等），占比 90.7%；监测方案的内容不完整（无监测点位及示意图、采样和样品保存方法、监测分析方法和仪器等），占比 84.6%；监测指标不满足自行监测技术指南的要求，占比 76.8%；监测结果公开不完整（无污染物排放方式及排放去向、未开展自行监测的原因、污染源监测年度报告等），占比 71.5%；监测点位数量不满足自行监测技术指南的要求，占比 55.7%；自动监测设备的安装不规范（废水流量计未检定等），占比 41.1%。

废气重点排污单位存在问题企业比例最多的是监测方案的内容不完整（无监测点位及示意图、采样和样品保存方法、监测分析方法和仪器等），占比 79.9%；监测方案中列出的质控措施不科学合理或不具体（无空白样、平行样、加标回收或质控样、仪器校准等），占比 76.7%；自动监测设备运维台账记录不完整、不规范（巡检、维护、校准、校验、标气和易耗品更换记录），占比 60.7%；监测结果公开不完整（无污染物排放方式及排放去向、未开展自行监测的原因、污染源监测年度报告等），占比 59.1%；监测点位不规范（监测断面、监测平台、监测梯等），占比 36.4%；自动监测设备的安装不规范（"U"形管、伴热管线过长等），占比 16.0%。

9.4.3 自行监测检查发现的问题

9.4.3.1 监测方案编制不完整，监测工作依据不足

个别排污单位未制定自行监测方案，使得自行监测工作无据可依，随意性较大。即使制定了监测方案的排污单位，方案内容也不够完整，如所列监测项目不全，未涵盖排放标准中的所有项目，缺少监测频次、分析方法及仪器名称等信息，未列明执行标准、公开时限，没有编制质控措施章节等。

9.4.3.2 企业自行监测不规范，外委监测质量难把控

部分排污单位未依据监测方案开展监测，出现监测项目少于监测方案、监测频次低于监测方案，监测分析方法与方案不一致的情况，有些排污单

位甚至出现选用的分析方法不适用的情况。除此之外，部分排污单位委托社会化第三方检测机构开展监测，但对委托机构资质、能力、数据质量却很少关注。由于缺少明确的文件规定，生态环境部门对社会化第三方检测机构不能行使监管职能，其数据质量难以把控。

9.4.3.3 监测人员质控意识薄弱，数据准确性难以保证

部分排污单位在监测过程中采用的质控措施较为单一，有的甚至完全没有采取任何质控措施，无法保证监测数据的准确性。另外，有的监测人员未经培训、无上岗证的情况也偶有发生，排污单位对委托检测的检测机构的质量控制情况也不够了解。

9.4.3.4 监测数据信息公开不全面，数据系统性、逻辑性不强

多数排污单位通过生态环境部门要求的方式对监测数据进行了信息公开，但公开内容不全面，甚至出现公开的数据与实际监测数据不一致的问题，有些数据经不起数据判别和分析，出现低级错误、数据偏离等情况（如监测数据长时间恒为某一定值或较小幅度波动等情况）。

第10章

自行监测发展方向展望

　　自 2013 年以来，排污单位自行监测取得了较大进展，建立了专门的自行监测管理制度、明确了自行监测的技术要求、建立了全国统一较为完善的信息系统、探索了自行监测的监督监管、培育和发展了环境监测市场，是对环境治理体系现代化和治理能力现代化建设的有益探索，取得了较为显著的社会、经济、环境效益。

　　然而，在发展过程中，也存在一些问题，包括自行监测开展情况不够理想、企业的认识转变需要时间、政府部门的监管能力有待提升、自行监测数据的法定地位有待明确、信息公开有待科学设计等。

　　针对这些情况，本章对排污单位自行监测的发展方向提出设想和建议，依托排污许可制度，逐个行业推进自行监测法律要求切实落地；强化激励处罚机制，促进排污单位提供真实性监测信息；政府的监管重心应由监管排污向监管排污和监管自行监测行为并重转变；科学设计信息公开内容和方式，为同行监督、社会参与提供便利条件；落实自行监测数据质量主体责任。

10.1　自行监测实施进展

10.1.1　自行监测制度完善情况

　　2013 年，首个自行监测专门的管理文件《国家重点监控企业自行监测及信息公开办法（试行）》正式发布，为规范企业自行监测及信息公开，督促企业自觉履行法定义务和社会责任，推动公众参与环境保护，首次明确了企业自行监测及信息公开制度，包括总则、监测与报告，信息公开、监督与管理、附则共五章 25 项条款，覆盖自行监测活动的全流程。自此以后，随着排污单位自行监测的实施，推进了自行监测相关法律法规的逐步完善，具体见表 10-1。随着各项制度的出台，排污单位自行监测的法律定位逐步明确，制度框架进一步完善。

表 10-1 2014 年以后发布的与排污单位自行监测相关的法律法规和管理规定

名称	颁布机关	实施时间	主要相关内容
中华人民共和国环境保护法	全国人民代表大会常务委员会	2015.1.1	规定了重点排污单位应当安装使用监测设备,保证监测设备正常运行,保存原始监测记录,并进行信息公开
中华人民共和国大气污染防治法	全国人民代表大会常务委员会	2016.1.1	规定了企业事业单位和其他生产经营者应当对大气污染物进行监测,并保存原始监测记录
中华人民共和国海洋环境保护法	全国人民代表大会常务委员会	2017.11.5	规定了排污单位应当依法公开排污信息
中华人民共和国环境保护税法	全国人民代表大会常务委员会	2018.1.1	规定了纳税人按季申报缴纳时,向税务机关报送所排放应税污染物浓度值
中华人民共和国水污染防治法	全国人民代表大会常务委员会	2018.1.1	规定了实行排污许可管理的企业事业单位和其他生产经营者应当对所排放的水污染物自行监测,并保存原始监测记录,排放有毒有害水污染物的还应开展周边环境监测,上述条款均设有对应罚则
中华人民共和国土壤污染防治法	全国人民代表大会常务委员会	2019.1.1	土壤污染重点监管单位应当制定、实施自行监测方案,并将监测数据报生态环境主管部门
中华人民共和国环境保护税法实施条例	国务院	2018.1.1	规定了未安装自动监测设备的纳税人,自行对污染物进行监测所获取的监测数据,符合国家有关规定和监测规范的,视同监测机构出具的监测数据作为计税依据
水污染防治行动计划	国务院	2015.4.2	规定了各类排污单位要开展自行监测,并依法向社会公开排放信息
土壤污染防治行动计划	国务院	2016.5.28	规定了土壤环境重点监管企业每年要自行对其用地进行土壤环境监测,结果向社会公开;加强对矿产资源开发利用活动的辐射安全监管,有关企业每年要对本矿区土壤进行辐射环境监测

名称	颁布机关	实施时间	主要相关内容
"十三五"生态环境保护规划	国务院	2016.11.24	规定了工业企业要开展自行监测,属于重点排污单位的还要依法履行信息公开义务,全面实行在线监测
"十三五"节能减排综合工作方案	国务院	2016.12.20	规定了强化企业污染物排放自行监测和环境信息公开,2020 年企业自行监测结果公布率保持在 90%以上
关于深化环境监测改革提高环境监测数据质量的意见	中共中央办公厅、国务院办公厅	2017.9.21	规定了环境保护部要加快完善排污单位自行监测标准规范;排污单位要开展自行监测,并按规定公开相关监测信息,对存在弄虚作假行为要依法处罚;重点排污单位应当建设污染源自动监测设备,并公开自动监测结果
生态环境监测网络建设方案	国务院办公厅	2015.7.26	规定了重点排污单位必须落实污染物排放自行监测及信息公开的法定责任,严格执行排放标准和相关法律法规的监测要求
控制污染物排放许可制实施方案	国务院办公厅	2016.11.10	规定了企事业单位应依法开展自行监测,安装或使用监测设备应符合国家有关环境监测、计量认证规定和技术规范,建立准确完整的环境管理台账,安装在线监测设备的应与环境保护部门联网
最高人民法院　最高人民检察院关于办理环境污染刑事案件适用法律若干问题的解释	最高人民法院最高人民检察院	2017.1.1	规定了重点排污单位篡改、伪造自动监测数据或者干扰自动监测设施视为严重污染环境,并依据刑法有关规定予以处罚
关于支持环境监测体制改革的实施意见	财政部、环境保护部	2015.11.2	规定了落实企业主体责任,企业应依法自行监测或委托第三方开展监测,及时向生态环境部门报告排污数据,重点企业还应定期向社会公开监测信息

名称	颁布机关	实施时间	主要相关内容
生态环境主管部门实施限制生产、停产整治办法	环境保护部	2015.1.1	规定了被限制生产的排污者在整改期间按照环境监测技术规范进行监测或者委托有条件的环境监测机构开展监测，保存监测记录，并上报监测报告
关于实施工业污染源全面达标排放计划的通知	环境保护部	2016.11.29	规定了①各级环境保护部门应督促、指导企业开展自行监测，并向社会公开排放信息；②对超标排放的企业要督促其开展自行监测，加密对超标因子的监测频次，并及时向环境保护部门报告；③企业应安装和运行污染源在线监控设备，并与环境保护部门联网
企业事业单位环境信息公开办法	环境保护部	2015.1.1	规定了重点排污单位应当公开排污信息，列入国家重点监控企业名单的重点排污单位还应当公开其环境自行监测方案
排污许可证管理办法（试行）	生态环境部	2018.1.10	规定了排污单位应当按照排污许可证规定，安装或者使用符合国家有关环境监测、计量认证规定的监测设备，按照规定维护监测设施，开展自行监测，保存原始监测记录
关于加强化工企业等重点排污单位特征污染物监测工作的通知	环境保护部办公厅	2016.9.20	规定了①化工企业等排污单位应制订自行监测方案，对污染物排放及周边环境开展自行监测，并公开监测信息；②监测内容应包含排放标准的规定项目和涉及的列入污染物名录库的全部项目；③监测频次，自动监测的全天连续监测，手工监测的，废水特征污染物每月开展一次，废气特征污染物每季度开展一次，周边环境监测按照环评及其批复执行，可根据实际情况适当增加监测频次

注：截至 2019 年 4 月 30 日。

10.1.2 《排污单位自行监测技术指南》体系实施情况

截至 2019 年 5 月，重点行业自行监测技术指南立项与编制情况见表 10-2。已正式发布实施 18 项指南，完成征求意见或拟征求意见的有 9 项，其他在研 17 项。

表 10-2 重点行业自行监测技术指南编制情况

序号	指南名称	发布或预计发布时间
1	《排污单位自行监测技术指南　总则》	2017 年 4 月
2	《排污单位自行监测技术指南　造纸工业》	2017 年 4 月
3	《排污单位自行监测技术指南　火力发电及锅炉》	2017 年 4 月
4	《排污单位自行监测技术指南　水泥工业》	2017 年 9 月
5	《排污单位自行监测技术指南　钢铁工业及炼焦化学工业》	2017 年 12 月
6	《排污单位自行监测技术指南　石油炼制工业》	2017 年 12 月
7	《排污单位自行监测技术指南　纺织印染工业》	2017 年 12 月
8	《排污单位自行监测技术指南　发酵类制药工业》	2017 年 12 月
9	《排污单位自行监测技术指南　化学合成类制药工业》	2017 年 12 月
10	《排污单位自行监测技术指南　提取类制药工业》	2017 年 12 月
11	《排污单位自行监测技术指南　污水处理》	2018 年
12	《排污单位自行监测技术指南　有色金属冶炼》	2018 年
13	《排污单位自行监测技术指南　平板玻璃制造》	2018 年
14	《排污单位自行监测技术指南　氮肥制造》	2018 年
15	《排污单位自行监测技术指南　磷、钾、微、复合肥制造》	2018 年
16	《排污单位自行监测技术指南　石油化学》	2018 年
17	《排污单位自行监测技术指南　农副食品加工》	2018 年
18	《排污单位自行监测技术指南　制革及毛皮加工工业》	2018 年
19	《排污单位自行监测技术指南　电镀工业》	2018 年
20	《排污单位自行监测技术指南　农药制造》	2018 年
21	《排污单位自行监测技术指南　制药（中药类、混装制剂类、生物工程类）》	2018 年
22	《排污单位自行监测技术指南　酒、饮料制造》	2019 年
23	《排污单位自行监测技术指南　食品制造》	2019 年

序号	指南名称	发布或预计发布时间
24	《排污单位自行监测技术指南　涂装》	2019 年
25	《排污单位自行监测技术指南　油墨制造》	2019 年
26	《排污单位自行监测技术指南　无机化学工业》	2019 年
27	《排污单位自行监测技术指南　化学纤维制造》	2019 年
28	《排污单位自行监测技术指南　电池制造》	2020 年
29	《排污单位自行监测技术指南　固体废物焚烧》	2020 年
30	《排污单位自行监测技术指南　人造板制造》	2020 年
31	《排污单位自行监测技术指南　橡胶和塑料制品》	2020 年
32	《排污单位自行监测技术指南　再生有色金属冶炼》	2020 年
33	《排污单位自行监测技术指南　陶瓷工业》	2021 年
34	《排污单位自行监测技术指南　砖瓦工业》	2021 年
35	《排污单位自行监测技术指南　畜禽养殖行业》	2021 年
36	《排污单位自行监测技术指南　印刷工业》	2021 年
37	《排污单位自行监测技术指南　聚氯乙烯工业》	2021 年
38	《排污单位自行监测技术指南　电子工业》	2021 年
39	《排污单位自行监测技术指南　金属铸造工业》	2021 年
40	《排污单位自行监测技术指南　稀土工业》	2021 年
41	《排污单位自行监测技术指南　现代煤化工工业》	2021 年
42	《排污单位自行监测技术指南　环境治理业》	2021 年
43	《排污单位自行监测技术指南　油库、加油站》	2021 年
44	《排污单位自行监测技术指南　陆上石油天然气开采》	2021 年

注：截至 2019 年 4 月 30 日。

10.1.3　自行监测开展及监测数据联网情况

根据全国自行监测数据管理系统，全国各阶段开展自行监测的企业数见表 10-3，自行监测数据与国家联网情况见表 10-4。可以看出，开展自行监测的排污单位数量随着排污许可证的发放范围不断扩大，开展自行监测的排污单位数量不断增加，与国家联网的排污单位数量也在不断增长中。特别说明，随着环境保护税的征收，及其他管理工作的推进，实施自行监测的排污单位并不限于发放排污许可证的排污单位，但由于这些排污单位信息并未全部通过自行监测数据管理系统进行报送，故无法纳入统计范围内。

表 10-3 重点行业各阶段开展自行监测情况 单位：个

行业	2018 年 6 月	2018 年 12 月	2019 年 5 月
全国	21 286	32 578	39 090
火电	1 833	1 922	1 930
氮肥	174	207	211
炼焦	318	350	355
平板玻璃	139	159	163
造纸	2 889	3 260	3 316
制革	125	141	142
水泥	3 103	3 372	3 514
原料药制造	314	357	368
农药	979	1 079	1 100
印染	3 199	3 677	3 808
电镀	1 114	1 411	1 466
制糖	50	57	63
钢铁	657	1 131	1 392
有色金属	312	740	938
石化	366	804	1 038
淀粉	63	558	950
屠宰及肉类加工	31	5 495	8 522
陶瓷	5	379	651
农副食品加工	2	56	65
锅炉	6	13	48
其他	5 607	7 410	9 050

注：范围为已发放排污许可证的单位，时间截至 2019 年 5 月 6 日。

表 10-4 重点行业各阶段自行监测数据与国家联网情况 单位：个

行业	2018 年 6 月	2018 年 12 月	2019 年 5 月
全国	13 897	20 331	24 256
火电	1 631	1 818	1 836
氮肥	132	179	184
炼焦	214	298	303
平板玻璃	85	133	135

行业	2018 年 6 月	2018 年 12 月	2019 年 5 月
造纸	2 048	2 711	2 740
制革	81	114	117
水泥	1 702	2 661	2 738
原料药制造	198	269	279
农药	533	812	830
印染	2 060	2 744	2 865
电镀	697	970	1 073
制糖	41	41	45
钢铁	398	639	720
有色金属	166	313	468
石化	255	349	457
淀粉	23	143	335
屠宰及肉类加工	6	850	2 522
陶瓷	2	28	219
农副食品加工	0	5	6
锅炉	6	7	12
其他	3 619	5 247	6 372

注：时间截至 2019 年 5 月 6 日。

10.1.4 自行监测监督检查情况

为落实《"十二五"节能减排综合性工作方案》（国发〔2011〕26 号）、《"十三五"节能减排综合工作方案》（国发〔2016〕74 号）、《国家重点监控企业自行监测及信息公开办法（试行）》（环办〔2013〕81 号）等文件对排污单位污染物排放自行监测信息公开的要求，自 2014 年以来，中国环境监测总站组织每年采用基于人工网络抽查的执行情况检查技术，对国家重点监控企业自行监测开展及信息公开情况进行监督检查。对于重点监控企业数量大于 600 家的省（区、市），网络抽查企业数量原则上不低于 5%，对于小于 600 家的省（区、市），网络抽查企业数量不低于 30 家，每个月检查企业共 1 052 家。对照每家企业的信息公开台账，访问信息公开网址进行联网检查，每月约联网审核 1 100 家次重点企业自行监测信息公开情况。截至 2018 年年底，共抽查 66 000 家次排污单位，检查结果以环办监测函向全国各厅局通报，督促各地尽快完成联网和数据上传，推动了排污单位实施自行监测和信息公开。

2018 年，中国环境监测总站采用基于现场全面评估的深度检查技术，对上海、江苏等 7 省市 559 家重点排污单位进行了技术检查试点，检查结果已通报相关省市，大力推进了排污单位自行监测及信息公开工作。

自 2019 年起，排污单位自行监测网络抽查的基数为依据《排污许可管理办法（试行）》《固定污染源排污许可分类管理名录》要求，取得排污许可证 3 个月以上的企事业单位。对于检查基数少于 600 家（含）的省（区、市），随机抽查企业数量不少于 30 家；检查基数介于 600～1 000（含）家的省（区、市），随机抽查企业数量不少于 40 家；检查基数介于 1 000～3 000（含）家的省（区、市），随机抽查企业数量不少于 50 家；检查基数多于 3 000 家的省（区、市），随机抽查企业数量不少于 80 家。按照抽查时间随机、抽查对象随机的原则，抽查不少于 10%的发证企业。检查内容包括：自行监测方案的制定，包括自行监测点位、指标、频次的完整性；按照自行监测方案开展情况；通过查阅自行监测原始记录检查监测全过程的规范性，原始记录包括现场采样、样品运输、储存、交接、分析测试、监测报告等；监测结果在污染源管理系统上的报送情况、公开的完整性和及时性等。委托社会化检测机构开展自行监测的企业，必要时可赴实验室开展现场检查，检查内容可包括监测人员持证、监测设备、试剂消耗、方法选用、实验室环境等。

10.1.5　自行监测数据的应用情况

《环境保护税法》规定，应税大气污染物、水污染物、固体废物的排放量和噪声的分贝数，按照下列方法和顺序计算：（一）纳税人安装使用符合国家规定和监测规范的污染物自动监测设备的，按照污染物自动监测数据计算；（二）纳税人未安装使用污染物自动监测设备的，按照监测机构出具的符合国家有关规定和监测规范的监测数据计算；（三）因排放污染物种类多等原因不具备监测条件的，按照国务院生态环境主管部门规定的排污系数、物料衡算方法计算；（四）不能按照本条第一项至第三项规定的方法计算的，按照省、自治区、直辖市人民政府生态环境主管部门规定的抽样测算的方法核定计算。除将排污单位自行监测数据中的自动监测数据作为第一顺位外，自行监测的手工监测数据作为第二顺位，用于计算应税污染物的排放量。

"十三五"环境统计调查制度规定，调查对象可以利用调查年度内由企业自行监测或委托相关机构监测的数据测算污染物产生、排放量。企业自行或委托机构监测的数据必须符合《国家重点监控企业自行监测及信息公开办法（试行）》中的相关要求。

第二次全国污染源普查报表制度规定，普查对象可以采用 2017 年度内由企业自行监测或委托有资质机构按照有关监测技术规范、标准方法要求监测获得的数据测算污染物产生、排放量。

10.2　自行监测存在的问题

10.2.1　自行监测开展情况不够理想

2013 年，环境保护部组织编制了《国家重点监控企业自行监测及信息公开办法（试行）》，大力推进企业开展自行监测。2014 年以来，陆续修订的《环境保护法》《大气污染防治法》《水污染防治法》明确了排污单位自行监测责任和要求。尽管法律已经明确了排污单位开展自行监测的法律责任，但是从实际情况来看，除国控重点企业自行监测开展情况相对较好外，其他重点排污单位自行监测开展情况并不理想。即便是自行监测开展情况相对较好的国控重点企业，也存在监测点位、监测指标覆盖不全，监测频次不够合理的问题。究其原因，一方面哪些单位需要开展自行监测不够明确，另一方面自行监测要求不够确定，从而影响了自行监测的推进进展。

10.2.2　企业的认识转变需要时间

以政府为主导的单一化管制型环境治理模式下，企业已经习惯了由管理部门来判定其排放状况，对于非行政要求的工作，普遍缺乏主动开展的意愿。

企业是追求利润最大化的，超标排放、偷排偷放可以节省污染治理成本；瞒报排污量信息有利于减少排污税费，给企业带来实际的好处。在命令型环境政策手段下，企业总是倾向于瞒报、不报污染排放信息。在"猫捉老鼠"式的监管模式下，为了减少环保处罚，企业更习惯于"瞒天过海"，掩盖污染治理和排放糟糕的表现。同时，由于对各类超标或违法排污的行为界定不够清晰明确，处罚标准不够细致，导致企业更倾向于减少"暴露问题"，从而最大限度降低处罚风险，但也因此会产生大量不够真实的监测数据，造成排放状况良好的假象，误导决策。当监测数据出现争议时，大多数企业不敢跟管理部门"对质"。因此，虽掌握大量监测数据，却无法争取自己的权利，致使企业监测的动力大大降低，也无法真正发挥自行监测的意义。

10.2.3　政府部门的监管能力有待提升

长期以来，政府部门对排污单位的管理主要限于排污状况和治理行为，自行监测的监管几乎处于空白的状态。排污单位自行监测数据质量控制监管体系基本处于空白。尽管相关规定要求排污单位需将自行监测方案报送生态环境主管部门备案，将监测结果在生态环境部门指定的网站上公布，但生态环境部门尚未对其监测过程及监测结果开展监督检查，排污单位监测数据质量尚处于未监管的状态。自行监测数据用于环境管理的基础仍然有待加强。目前，针对排污单位自行监测监督检查的管理规定和技术文件几乎为空白。通过检查哪些关键内容才可以对企业自行监测数据质量进行有效的控制，如何开展相关检查，这些都有待进一步研究和明确。

10.2.4 自行监测数据的法定地位有待明确

自行监测数据的法定地位，如何在环境管理中进行应用，并没有得到明确，自行监测数据是否可以作为执法依据、是否可以作为判断企业依证排污的证据尚存在很大争议，自行监测数据在环境管理中的应用更是十分不足，并没有从根本上解决排污单位在环境治理体系中监测缺位现象。如果不能合理界定自行监测数据的法律地位，就无法对自行监测数据进行有效应用，这就影响了自行监测数据支撑环境管理的意义。

10.2.5 信息公开有待科学设计

加强公众参与是充分发挥自行监测作用的重要手段，然而污染源监测相对专业，需要加强研究，将复杂的污染源监测数据转化为公众可理解的环境信息。目前自行监测数据公开方式较为简单，仅是简单机械的公布所有监测数据，除了能够通过计算得到单个时间点的单项污染物指标是否超标，无法获得更有价值的信息。为了提高信息公开的效果，让公众真正高效参与，就需要对信息公开进行科学设计。如何公开，公开什么内容，如何能够将长时间序列、多污染因子的信息整合成为某一项简单易操作的指数信息，如何体现行业特征、地区特征，这些信息如何与区域环境质量、管理水平相结合，这都是目前信息公开尚未解决的内容。

10.3 自行监测发展方向展望

10.3.1 依托排污许可制度，逐个行业推进自行监测法律要求切实落地

我国目前实施的排污许可制度中明确载明排污单位自行监测要求，这是首个对排污单位提出明确管理要求的环境保护制度。推进排污单位自行监测应以排污许可制度为重要抓手，按照排污许可制度的推进进展，逐个

行业推进排污单位自行监测，对于持有排污许可证的企业，不按监测方案开展监测的进行重点监管，从而使法律要求切实得到落实。

10.3.2　强化激励处罚机制，促进排污单位提供真实性监测信息

近几年自行监测改革力度很大，排污单位自行监测上升到前所未有的地位。与此同时，自行监测数据质量能否保证，自行监测在环境监管中能否发挥作用也广受关注。在这样的大环境下，排污单位是否能够提供真实的监测信息，真正参与到环境治理体系中来非常关键。如果排污单位刻意隐瞒真实信息，或者不敢以高质量监测信息有效发声，那么自行监测必然无法在环境管理中发挥作用，那么自行监测的改革就会以失败而告终。因此，应加强自行监测的激励和处罚。对于严格按照规范开展自行监测的，应明确质量较高的自行监测数据在环境管理中的应用方式，使保证监测数据质量、提供真实监测信息的排污单位受益，能够真正参与到环境治理体系中来，从而为推动多方共治的环境治理体系发展提供条件。对于未按要求开展监测的，依法进行处罚；对于监测过程不规范，数据质量不受控的，监测数据不得应用于管理。同时，定期公开自行监测监督检查情况，并将自行监测开展状况与环保税征收、企业信用评级等挂钩。

10.3.3　政府的监管重心应由监管排污向监管排污和监管自行监测行为并重转变

在自行监测广泛开展，充分发挥排污单位主体地位的大环境下，政府部门的管理模式也应发生相应的改变。就排放监管而言，以往政府部门的重心在于监管排污本身，无论是对生产状况、治理设施运行情况的检查，还是对末端排放的监测，其主要目的是在于判定排污单位是否依法治污、达标排放。排污单位自行监测、自证守法之后，政府部门应同时加强对自行监测行为的监管，通过监督管理促使企业依法依规开展自行监测。通过对自行监测行为的监管，可以对企业产生持久的威慑力，可获得有效的监测数据积累，为各项管理和大数据分析提供数据基础，从而产生更大的社

会和环境效益。

具体来说，管理部门应从以下三个方面加强监管：

一是开展自行监测实施情况的监督检查。检查排污单位的监测方案是否全面合理，是否能够反映排污单位实际排放状况；检查排污单位是否按照最新监测方案开展自行监测；检查排污单位自行监测质量控制与质量保证措施是否完备等。自行开展监测的，应检查排污单位是否具备开展相应监测活动的能力；委托监测的，应检查承担监测任务的机构是否具有相应的资质。

二是加强自行监测数据质量检查核查。生态环境部门应每年对辖区内重点污染源开展一次自行监测的全面质量核查，核查内容包括监测过程规范性、信息记录全面性、监测结果的合理性等各个方面。通过核查，对企业监测开展情况进行综合评价，提出完善自行监测及质量控制的相关建议，促进企业监测数据质量的提升。

三是做好监测数据的联网报送工作。依托全国污染源监测数据管理与信息共享系统，督促排污单位依法报送污染源监测数据，并向相关业务部门和业务系统推送共享。一方面，便于更好地开展监测数据信息公开，为公众监督提供便利，提高政府监管效率；另一方面，利于监测数据的分析应用，从而更好地服务管理决策。

10.3.4 科学设计信息公开内容和方式，为同行监督、社会参与提供便利条件

面对如此量大面广、数据量庞大的自行监测数据网络，除了从信息获取便利性上加强研究和设计外，还应该加强对信息公开内容的研究和设计。单个企业层面，同时公布企业的原始监测结果和本企业长时间尺度的监测统计信息；从行业和区域层面，加强对监测数据与行业、区域的经济、社会等其他信息的关联指标发布。除此之外，开发污染源监测指数信息，用 1~2 个便于理解的综合性指标总体反映一个企业、一个行业、一个区域的污染源排放状况和监测开展状况，从而为公众参与提供一个明确的、

直观的信号。

10.3.5　落实自行监测数据质量主体责任

保证监测数据质量就是要保证监测数据的准确性、全面性、代表性。保证监测数据准确性，就要严格按照监测规范开展监测活动，并如实记录监测结果；保证监测数据全面性，就要在设计监测方案时，全面考虑排放状况，确保监测结果能够全面反映污染排放状况；保证监测数据代表性，就要在设计监测方案和开展监测活动时，充分考虑监测频次和监测时点能否反映实际排放状况。

排污单位为落实自行监测数据质量主体责任，应查清本单位的污染源，污染物指标及潜在的环境影响，制定监测方案，设置和维护监测设施，按照监测方案开展自行监测，做好质量保证和质量控制，记录和保存监测数据，依法向社会公开监测结果。

第一，制定监测方案。制定监测方案，核心是监测指标、监测点位、监测频次的确定。自行监测技术指南系列标准为排污单位制定监测方案提供了技术指导。2017 年 4 月发布的《排污单位自行监测技术指南　总则》，提出了自行监测方案制定方法。陆续发布的各行业自行监测技术指南中，根据行业特点提出了各行业最低监测要求。排污单位可参照相应的自行监测技术指南制定适合自身特点的监测方案。

第二，开展监测并做好质量控制。排污单位应按照最新的监测方案开展监测活动。我国当前已经发布了一系列关于污染源监测的技术规范，这些技术规范对于自行监测活动的开展同样适用。排污单位可根据自身条件和能力，利用自有人员、场所和设备自行监测；也可委托其他有资质的社会化检测机构代其开展监测。开展自行监测时，排污单位应做好质量控制工作，保证监测数据质量。承担监测活动的监测机构、人员、仪器设备、监测辅助设施和实验室环境都应符合具体监测活动的要求。应开展监测方法技术能力验证，确保具体监测人员实际操作能力可以满足自行监测工作需求，能够承担测试工作。除此之外，排污单位还应制定具体的质量控制、质量保证措施，提升监测数据质量。

第三，记录和保存监测信息。排污单位应记录和保存完整的原始记录、监测报告，以备管理部门检查和公众监督的需要。完整的原始记录，有助于还原监测活动开展情况，从而对监测数据的真实性、可靠性进行评估。这既是排污单位自证数据质量的需要，也是管理部门检查的需要。监测信息应与相关管理台账同步记录，从而可以实现监测数据与生产、污染治理相关信息的交叉验证，提升监测数据和相关台账的有效性。排污单位自行监测技术指南、排污许可证申请与核发技术规范等相关国家环境保护标准中对监测信息记录、管理台账记录提出了具体要求，排污单位应参照相应的标准开展信息记录，并保持备查。

第四，公开监测结果。公开监测数据，接受公众监督，既是排污单位应尽的法律责任，也是提升监测数据质量的重要促进因素。排污单位应按照信息公开要求，及时全面公开监测结果。

参考文献

[1] EPA Office of Wastewater Management-Water Permitting.Water permitting 101 [EB/OL]. [2015-06-10]. http：//www.epa.gov/npdes/pubs/101pape.pdf.

[2] Office of Enforcement and Compliance Assurance. NPDES compliance inspection manual [R]. Washington D.C.：U.S. Environmental Protection Agency，2004.

[3] U.S. EPA.Interim guidance for performance-based reductions of NPDES permit monitoring frequencies [EB/OL]. [2015-07-05]. http：//www.epa.gov/npdes/pubs/perf-red. pdf.

[4] U.S. EPA.U.S. EPA NPDES permit writers' manual [S]. Washington D.C.：U.S. EPA，2010.

[5] UK.EPA. Monitoring discharges to water and sewer：M18 guidance note [EB/OL]. [2017-06-05]. https://www.gov.uk/government/publications/m18-monitoring-of-discharges-to-water-and-sewer.

[6] 卞志浩. 流域水环境监测质量管理制度的构建 [J]. 科技视界，2017（28）：157，171.

[7] 常杪，冯雁，郭培坤，等. 环境大数据概念、特征及在环境管理中的应用[J]. 中国环境管理，2015，7（6）：26-30.

[8] 陈国骅. 固定污染源监测中的全程序质量控制探讨 [J]. 科技风，2019（3）：120.

[9] 陈楠. 关于企业自行监测存在问题及解决对策的几点思考 [J]. 环境与发展，2019，31（3）：192-193.

[10] 冯晓飞，卢瑛莹，陈佳. 政府的污染源环境监督制度设计 [J]. 环境与可持续发展，2017，42（4）：33-35.

[11] 何嘉慧. 流域水环境监测质量管理制度的构建 [J]. 化工管理，2016（13）：133-134.

[12] 环境保护部. 关于印发《国家监控企业污染源自动监测数据有效性审核办法》和《国家重点监控企业污染源自动监测设备监督考核规程》的通知[EB/OL]. [2018-02-12]. http：//www.zhb.gov.cn/ gkml/hbb/bwj/200910/t20091022_174629.htm.

[13] 刘炳江，吴险峰，王淑兰，等. 借鉴欧洲经验加快我国大气污染防治工作步伐——环境保护部大气污染防治欧洲考察报告之一 [J]. 环境与可持续发展，2013（5）：

5-7.

[14] 黄福波，王日东，徐辉. 污染源在线监测及运营管理存在的问题分析 [J]. 环境保护科学，2012，38（4）：73-77.

[15] 姜佳旭，房珏，郝功涛. 火力发电企业排污自行监测质量提升探讨 [J]. 环境监控与预警，2018，10（4）：56-58.

[16] 姜文锦，秦昌波，王倩，等. 精细化管理为什么要总量质量联动？——环境质量管理的国际经验借鉴 [J]. 环境经济，2015（3）：16-17.

[17] 姜勇，董圆媛. 重点污染源污染物排放总量监测管理信息系统 [J]. 环境监测管理与技术，2003（1）：19-21.

[18] 金福杰. 水泥工业自行监测方案的设计研究 [J]. 环境保护科学，2018，44（2）：61-64.

[19] 李莉娜，唐桂刚，秦承华，等. 国家污染源监测数据管理系统构建 [J]. 中国环境监测，2013，29（6）：170-174.

[20] 刘雪梅. 当前环境监测管理中存在的问题和应对策略 [J]. 资源节约与环保，2018（10）：52.

[21] 罗毅. 环境监测能力建设与仪器支撑 [J]. 中国环境监测，2012，28（2）：1-4.

[22] 罗毅. 推进企业自行监测加强监测信息公开 [J]. 环境保护，2013，41（17）：13-15.

[23] 毛竹，傅成诚. 环境监测管理现代化建设现状与建议 [J]. 环境研究与监测，2013，26（2）：8-10.

[24] 穆肖波，高诚铁，庄世坚. 厦门市环境监测管理信息系统开发 [J]. 福建环境，2003（6）：18-20.

[25] 牛晓明. 浅论环境监测管理 [J]. 科技情报开发与经济，2007（31）：75-77.

[26] 钱文涛. 中国大气固定源排污许可证制度设计研究 [D]. 北京：中国人民大学，2014.

[27] 曲格平. 中国环境保护四十年回顾及思考（回顾篇）[J]. 环境保护，2013，（10）：10-17.

[28] 舒旻. 环境监测制度构建的重点与难点 [J]. 环境保护，2011（8）：41-43.

[29] 宋国君，赵英煚. 美国空气固定源排污许可证中关于监测的规定及启示 [J]. 中国环境监测，2015，31（6）：15-21.

[30] 宋云，张琳，郭逸飞，等. 国内外造纸行业水污染排放标准比较研究 [J]. 中国环境管理，2012（1）：32-44.

[31] 孙强，王越，于爱敏，等. 国控企业开展环境自行监测存在的问题与建议 [J]. 环境与发展，2016，28（5）：68-71.

[32] 谭斌，王丛霞. 多元共治的环境治理体系探析 [J]. 宁夏社会科学，2017（6）：101-103.

[33] 唐桂刚，景立新，万婷婷，等. 堰槽式明渠废水流量监测数据有效性判别技术研究 [J]. 中国环境监测，2013，29（6）：175-178.

[34] 汪泉涓，罗澍. 污染源监测信息管理系统开发与研究 [J]. 中国环境监测，2000（5）：3-7.

[35] 王军霞，陈敏敏，穆合塔尔·古丽娜孜，等. 美国废水污染源自行监测制度及对我国的借鉴 [J]. 环境监测管理与技术，2016，28（2）：1-5.

[36] 王军霞，陈敏敏，唐桂刚，等. 我国污染源监测制度改革探讨 [J]. 环境保护，2014，42（21）：24-27.

[37] 王军霞，陈敏敏，唐桂刚，等. 污染源监测与监管如何衔接？——国际排污许可证制度及污染源监测管理八大经验 [J]. 环境经济，2015（Z7）：24.

[38] 王军霞，陈敏敏，唐桂刚，等. 我国污染源监测制度改革探讨 [J]. 环境保护，2014，42（21）：24-27.

[39] 王军霞，陈敏敏，唐桂刚，等. 污染源监测与监管如何衔接？——国际排污许可证制度及污染源监测管理八大经验 [J]. 环境经济，2015（Z7）：24.

[40] 王军霞，唐桂刚，景立新，等. 水污染源五级监测管理体制机制研究 [J]. 生态经济，2014，30（1）：162-164，167.

[41] 王军霞，唐桂刚，赵春丽. 企业污染物排放自行监测方案设计研究——以造纸行业为例[J]. 环境保护，2016，44（23）：45-48.

[42] 王军霞，唐桂刚. 解决自行监测"测""查""用"三大核心问题 [J]. 环境经济，2017（8）：32-33.

[43] 闻欣，张迪生，王军霞，等. 化学合成类制药工业污染排放自行监测方案设计要点 [J]. 环境监测管理与技术，2018，30（5）：4-7.

[44] 吴意跃，程咏. 对我国 3、4 级环境监测站信息系统建设原则的思考 [J]. 环境监测

管理与技术，2000（S1）：1-3.

[45] 熊国华. 对污染源监测质量控制的热点分析 [J]. 资源节约与环保，2013（7）：37.

[46] 胥树凡. 环境监测体制改革的思考 [J]. 环境保护，2007（10B）：15-17.

[47] 薛澜，张慧勇. 第四次工业革命对环境治理体系建设的影响与挑战 [J]. 中国人口•资源与环境，2017，27（9）：1-5.

[48] 杨文娟. 污染源现场监测过程中质量控制和采样技术要点浅析 [J]. 科技资讯，2011（36）：117-118.

[49] 易飞，晏伟. 浅析氮肥工业自行监测方案设计 [J]. 山东工业技术，2018（22）：225.

[50] 于群. 火电厂自行监测方案的制定研究与工作开展建议 [J]. 环境保护与循环经济，2018，38（5）：64-67.

[51] 张紧跟，庄文嘉. 从行政性治理到多元共治：当代中国环境治理的转型思考 [J]. 中共宁波市委党校学报，2008，30（6）：93-99.

[52] 张静，王华. 火电厂自行监测现状及建议 [J]. 环境监控与预警，2017，9（4）：59-61.

[53] 张伟，袁张桑，赵东宇. 石家庄市企业自行监测能力现状调查及对策建议 [J]. 价值工程，2017，36（28）：36-37.

[54] 张秀荣. 企业的环境责任研究 [D]. 北京：中国地质大学，2006：21-26.

[55] 张勇，曹春昱，冯文英，等. 我国制浆造纸污染治理科学技术的现状与发展（续）[J]. 中国造纸，2012，31（3）：54-58.

[56] 张勇，曹春昱，冯文英，等. 我国制浆造纸污染治理科学技术的现状与发展 [J]. 中国造纸，2012，31（2）：57-64.

[57] 赵吉睿，刘佳泓，张莹，等. 污染源 COD 水质自动监测仪干扰因素研究 [J]. 环境科学与技术，2016，39（S1）：299-301，314.

[58] 赵江伟，相晨萌，吴春来. 环境污染源监测管理信息系统的设计与开发 [J]. 科技信息，2011（15）：66-67.

[59] 周灵辉. 国控重点污染源监督性监测质控抽测工作的思考 [J]. 四川环境，2011，30（6）：35-37.

[60] 邹志文，姚继承，汤立，等. 基于 WebGIS 的流动污染源监控系统 [J]. 环境监测管理与技术，2005（6）：40-41，43.

[61] 左航，杨勇，贺鹏，等. 颗粒物对污染源 COD 水质在线监测仪比对监测的影响 [J]. 中国环境监测，2014，30（5）：141-144.

附 录

污染源监测信息系统企业信息表和监测信息表

附表 1 企业基本信息表（HB_SJCJ_QY_JBXX）

字段名	类型	默认值	允许空	主键	显示名称	说明	上传字段
ID	VARCHAR2（100）		N	Y	编号		是
QYBM	VARCHAR2(20)		Y		单位编码		是
QYMC	VARCHAR2（500）		Y		企业名称		是
CYM	VARCHAR2（500）		Y		曾用名		是
SHFWM	VARCHAR2（500）		Y		社会服务码		是
ZZJGDM	VARCHAR2（500）		Y		组织机构代码		是
QYLB	VARCHAR2(50)		Y		企业类别		是
ZCLXDM	VARCHAR2(20)		Y		注册类型代码		是
QYGMDM	VARCHAR2(20)		Y		企业规模代码		是
XZQHDMSHENG	VARCHAR2(20)		Y		行政区划代码（省）上级审核单位		是
XZQHDMSHI	VARCHAR2(20)		Y		行政区划代码（市）上级审核单位		是
XZQHDMXIAN	VARCHAR2(20)		Y		行政区划代码（县）上级审核单位		是
QYXXDZXZ	VARCHAR2（500）		Y		企业详细地址（乡镇）		是
QYXXDZ	VARCHAR2（500）		Y		企业详细地址		是
QYYZBM	VARCHAR2(20)		Y		企业邮政编码		是
QYZXJDDU	VARCHAR2(50)		Y		企业中心经度（度）		是
QYZXWDDU	VARCHAR2(50)		Y		企业中心纬度（度）		是
HBLXRXM	VARCHAR2(30)		Y		环保联系人姓名		是
HBLXRDH	VARCHAR2(50)		Y		环保联系人电话		是
HBLXRSJH	VARCHAR2(20)		Y		环保联系人手机号		是
HBLXRDZYX	VARCHAR2(50)		Y		环保联系人电子邮箱		否

字段名	类型	默认值	允许空	主键	显示名称	说明	上传字段
HBLXRCZ	VARCHAR2(30)		Y		环保联系人传真		否
DWPMSYTCFWZ	VARCHAR2（256）		Y		单位平面示意图存放位置		否
QYWZ	VARCHAR2（700）		Y		企业网址		否
FRDBXM	VARCHAR2(50)		Y		法人代表姓名		是
QYLX	VARCHAR2（500）		Y		企业类型		是
LY	VARCHAR2（500）		Y		流域		是
HY	VARCHAR2（500）		Y		海域		是
NSBD	VARCHAR2(20)		Y		南水北调		是
SXKQ	VARCHAR2(20)		Y		三峡库区		是
LKQ	VARCHAR2(20)		Y		三区十群		是
SSJT	VARCHAR2（500）		Y		所属集团		否
ZDYSX	VARCHAR2（500）		Y		自定义属性		否
WRYLB	VARCHAR2（500）		Y		污染源类别		是
JCTCNY	VARCHAR2（500）		Y		建成投产年月		是
PWXKZBH	VARCHAR2（500）		Y		排污许可证文件编号	文件ID路径	是
PWXKZFZRQ	VARCHAR2（500）		Y		排污许可证发证日期		是
KZJBFQ	VARCHAR2(20)		Y		控制级别（废气）0000 千百十个分别表示国控、省控、市控、其他是否选中，1表示选中；0表示未选		是

字段名	类型	默认值	允许空	主键	显示名称	说明	上传字段
KZJBFS	VARCHAR2（20）		Y		控制级别（废水）0000 千百十个分别表示国控、省控、市控、其他是否选中，1 表示选中；0 表示未选		是
KZJBZJS	VARCHAR2（20）		Y		控制级别（重金属）0000 千百十个分别表示国控、省控、市控、其他是否选中，1 表示选中；0 表示未选		
KZJBWF	VARCHAR2（20）		Y		控制级别（危废）0000 千百十个分别表示国控、省控、市控、其他是否选中，1 表示选中；0 表示未选		是
KZJBXQ	VARCHAR2（20）		Y		控制级别（规模化畜禽养殖场）0000 千百十个分别表示国控、省控、市控、其他是否选中，1 表示选中；0 表示未选		是
HYLB	VARCHAR2（500）		Y		行业类别		是
ND	VARCHAR2（20）		Y		登记的年度		是
ZDHYB	VARCHAR2（500）		Y		重点行业信息存放表		是
WSCLCLB	VARCHAR2（500）		Y		污水处理厂类别		是
ZT	VARCHAR2（20）		Y		状态 1 表示已激活；3 表示未激活；5 表示停报；6 代表已逻辑删除		是

字段名	类型	默认值	允许空	主键	显示名称	说明	上传字段
JB	VARCHAR2(20)		Y		企业 9		是
KZJBWSCLC	VARCHAR2(20)		Y		控制级别（污水处理厂）0000 千百十个分别表示国控、省控、市控、其他是否选中，1 表示选中；0 表示未选		是
SYNC_IUD	VARCHAR2(20)		Y		同步标志 int		是
SYNC_TIME	VARCHAR2(50)		Y		同步时间		是
SYNC_PROCODE	VARCHAR2(50)		Y		同步省		是
QYZCDZ	VARCHAR2(500)		Y		企业注册地址		是
QYZCDZSHENG	VARCHAR2(20)		Y		企业注册地址（省）		是
QYZCDZSHI	VARCHAR2(20)		Y		企业注册地址（市）		是
QYZCDZXIAN	VARCHAR2(20)		Y		企业注册地址（县）		是
QYZCDZXZ	VARCHAR2(128)		Y		企业注册地址		是
QYZCDZBM	VARCHAR2(20)		Y		企业注册地址邮编		否
ENTERID	VARCHAR2(500)		Y		是否为发证企业标志，1 为发证企业，2 为审批撤回且尚未发证，3 为通过取消关联操作而被改变的发证状态		是
WTQY	VARCHAR2(500)		Y		问题企业		否
SFSH	VARCHAR2(500)		Y		是否审核		是
XKZNUM	VARCHAR2(500)		Y		排污许可证编号		是
GLJB	VARCHAR2(20)		Y		管理级别		否
SFBJ	VARCHAR2(10)		Y		是否编辑		是
JCJG	VARCHAR2(50)		Y		检测机构 id		是
YYJG	VARCHAR2(50)		Y		运营机构 id		是

字段名	类型	默认值	允许空	主键	显示名称	说明	上传字段
XKXTID	VARCHAR2(50)		Y		存放许可证企业 id	排污许可证企业的ID	是
ISTYPE	VARCHAR2(20)		Y		1 注销；2 撤销		是
MLLB	VARCHAR2(20)		Y		A.水环境；B.大气环境；C.土壤环境；D.声环境；E.其他		是
XZQHDMSHENG5	VARCHAR2(20)		Y		监督性管理单位省		是
XZQHDMSHI5	VARCHAR2(20)		Y		监督性管理单位市		是
XZQHDMXIAN5	VARCHAR2(20)		Y		监督性管理单位县		是
DEVPHONE	VARCHAR2(50)		Y		法人固定电话		是
DEVTELEPHONE	VARCHAR2(20)		Y		法人移动电话		是
ENGINEEERS	VARCHAR2(50)		Y		技术负责人		是
ISVOC	VARCHAR2(20)		Y		是否为 VOC 企业		是
SFZDQY	VARCHAR2(20)		Y		是否重点企业		是
SFJDXJCQY	VARCHAR2(20)		Y		是否监督性监测企业		是
FZRQ	VARCHAR2(50)		Y		发证日期		否

附表 2　监测点与标准关系表（HB_SJCJ_JCXX_DIAN_BZ_GX_V）

字段名	类型	默认值	允许空	主键	显示名称	说明	上传字段
GX_ID	VARCHAR2（32）		N	Y	编号		是
JCD_ID	VARCHAR2（32）				监测点 ID		是
BZBH	VARCHAR2（32）				标准 ID		是
QSSJ	VARCHAR2（32）				标准执行开始时间		否
JSSJ	VARCHAR2（32）				标准执行结束时间		否

字段名	类型	默认值	允许空	主键	显示名称	说明	上传字段
WRYLB	VARCHAR2（32）				污染物类别		是
TMID	VARCHAR2（32）				条目 id		是
V_ID	VARCHAR2（32）				版本 id		是
SYNC_IUD	VARCHAR2（32）				同步标志		是
SYNC_TIME	VARCHAR2（32）				同步时间		是
SYNC_PROCODE	VARCHAR2（32）				同步省		是
BZMC	VARCHAR2（500）				标准名称		是
TMNR	VARCHAR2（500）				条目内容		是
JCXMNR	VARCHAR2（500）				监测项目内容		是
STATUS	VARCHAR2（500）				数据标记来源（0 自行监测方案录入；1 监督性监测方案导入）		否

附表 3　企业监测信息基本信息表（HB_SJCJ_QY_JCXX_V）

字段名	类型	默认值	允许空	主键	显示名称	说明	上传字段
V_ID	VARCHAR2（500）		N	Y	编号	自动生成	是
FAMC	VARCHAR2（10）				名称		是
VERSION	VARCHAR2（500）				版本		是
CJSJ	VARCHAR2（500）				创建时间		是
CJR	VARCHAR2（500）				创建人		否
ZT	VARCHAR2（500）				状态		否
QYBH	VARCHAR2（500）				企业 ID		是
FAKSSJ	VARCHAR2（500）				方案开始时间		是
FAJSSJ	VARCHAR2（500）				方案结束时间		否
FAWJ	VARCHAR2（500）				方案文件		是
SHENG	VARCHAR2（500）				省		是
SHI	VARCHAR2（500）				市		是
XIAN	VARCHAR2（500）				县		是
ZKCS	VARCHAR2（500）				质控措施		
BAZT	VARCHAR2（500）				备案状态		
GKKSSJ	VARCHAR2（500）				公开开始时间		是

字段名	类型	默认值	允许空	主键	显示名称	说明	上传字段
GKJSSJ	VARCHAR2（500）				公开结束时间		否
PMT	VARCHAR2（500）				平面图		否
SYT	VARCHAR2（500）				示意图		否
SYNC_IUD	VARCHAR2（500）				同步标志 int		是
SYNC_PROCODE	VARCHAR2（500）				同步省		是
SYNC_TIME	VARCHAR2（500）				同步时间		是
FA_GZ_WJ	VARCHAR2（500）				方案盖章文件		否
ZS_FA_SH_ZT	VARCHAR2（500）				正式方案审核状态（0等待确认；1已审核）		是
SHDQ	VARCHAR2（500）				审核地区		是
STATUS	VARCHAR2（500）				数据标记来源（0自行监测方案录入；1监督性监测方案导入）		否

附表4　监测信息污染源分类表（HB_SJCJ_QY_JCXX_FL_V）

字段名	类型	默认值	允许空	主键	显示名称	说明	上传字段
FL_ID	varchar2（50）		N	Y	ID		是
V_ID	varchar2（50）				版本 ID		是
FLMC	VARCHAR2（1000）				名称		是
FL_PX	varchar2（50）				排序		否
SYNC_IUD	varchar2（50）				同步标志 int		是
SYNC_TIME	varchar2（50）				同步时间		是
SYNC_PROCODE	varchar2（50）				同步省		是
STATUS	VARCHAR2（50）				数据标记来源（0自行监测方案录入；1监督性监测方案导入）		否

备注：分开存储：

附表 5　监测点信息表（HB_SJCJ_QY_JCXX_FQ_DIAN_V）

字段名	类型	默认值	允许空	主键	显示名称	说明	上传字段
JCD_ID	varchar2（50）		N	Y	主键		是
PQTBH	varchar2（50）		Y		排气筒 ID		是
JCDMC	varchar2（50）		Y		监测点名称		是
JCDBH	varchar2（50）		Y		监测点编号		是
DWSX	varchar2（50）		Y		点位属性	内部、外排（当是内部的时候要选择在哪台设备前）	是
GLWPJCD	varchar2（50）		Y		关联外排监测点		是
JD	varchar2（50）		Y		经度		是
WD	varchar2（50）		Y		纬度		是
YDXZ	varchar2（50）		Y		烟道形状	矩形、圆形、不规则	是
JCDPTMJ	varchar2（50）		Y		监测断面面积	平方米	是
CD	varchar2（50）		Y		长度	米，矩形监测断面记录长、宽，圆形监测断面记录直径，不规则不记录。监测点平台长、宽、直径等无记录必要	是
KD	varchar2（50）		Y		宽度	米	是
ZJ	varchar2（50）		Y		直径	米	是
SHENG	varchar2（50）		Y		省	米	是
SHI	varchar2（50）		Y		市		是
XIAN	varchar2（50）		Y		县		是
QYBH	varchar2（50）		Y		企业 ID		是
JCD_PX	varchar2（50）		Y		排序序号		否
V_ID	varchar2（50）		Y		版本 id		是
JCDWZ	varchar2（50）		Y		监测点位置		是
SYNC_IUD	varchar2（50）		Y		同步标志 int		是

字段名	类型	默认值	允许空	主键	显示名称	说明	上传字段
SYNC_TIME	varchar2（50）		Y		同步时间		是
SYNC_PROCODE	varchar2（50）		Y		同步省		是
SFDR	varchar2（50）		N		是否为导入数据		是
STATUS	varchar2（50）				数据标记来源（0自行监测方案录入；1监督性监测方案导入）		否

附表6　废气排放设备信息表（HB_SJCJ_QY_JCXX_FQ_SB_V）

字段名	类型	默认值	允许空	主键	显示名称	说明	上传字段
SB_ID	varchar2（50）		N		主键		是
FL_ID	varchar2（50）		Y		分类表ID		是
SBBH	varchar2（50）		Y		排放设备编号		是
SBLX	varchar2（50）		Y		排放设备类型		是
FZ	varchar2（50）		Y		分组ID		否
SFFZ	varchar2（50）		Y		是否分组		否
SBMC	varchar2（50）		Y		名称		是
SB_PX	varchar2（50）		Y		排序序号		否
V_ID	varchar2（50）		Y		版本id		是
SYNC_IUD	varchar2（50）		Y		同步标志int		是
SYNC_TIME	varchar2（50）		Y		同步时间		是
SYNC_PROCODE	varchar2（50）		Y		同步省		是
SFDR	varchar2（50）				是否为导入数据		是
STATUS	varchar2（50）				数据标记来源（0自行监测方案录入；1监督性监测方案导入）		否

附表7　排气筒（HB_SJCJ_QY_JCXX_FQ_DIAN_PK_V）

字段名	类型	默认值	允许空	主键	显示名称	说明	上传字段
PQT_ID	varchar2（50）		N		主键		是
PQTMC	varchar2（50）		Y		名称	米	是
PQTGD	varchar2（50）		Y		高度		是
JD	varchar2（50）		Y		经度		是
WD	varchar2（50）		Y		纬度		是
CKWD	varchar2（50）		Y		出口温度		是
NJ	varchar2（50）		Y		内径/米		是
PQTBH	varchar2（50）		Y		编号		是
V_ID	varchar2（50）		N		版本ID		是
SYNC_IUD	varchar2（50）		Y		同步标志int		是
SYNC_TIME	varchar2（50）		Y		同步时间		是
SYNC_PROCODE	varchar2（50）		Y		同步省		是
XKPWXKCODE	varchar2（50）				存放排口获得的许可证编码		是
SFDR	VARCHAR2(5)				是否为导入数据		是
STATUS	varchar2（50）				数据标记来源（0自行监测方案录入；1监督性监测方案导入）		否

附表8　废气监测点和排放设备关系表（HB_SJCJ_QY_JCXX_FQ_DIAN_SBGX_V）

字段名	类型	默认值	允许空	主键	显示名称	说明	上传字段
SB_ID	VARCHAR2（500）		N		排放设备ID		是
JCD_ID	VARCHAR2（500）		N		监测点ID		是
GX_ID	VARCHAR2（500）		N	Y	主键		是
SFWYCZJCD	VARCHAR2（500）		N		是否已存在监测点		是
V_ID	VARCHAR2（500）		Y		版本id		是
SYNC_IUD	VARCHAR2（500）		Y		同步标志int		是
SYNC_TIME	VARCHAR2（500）		Y		同步时间		是
SYNC_PROCODE	VARCHAR2（500）		Y		同步省		是

字段名	类型	默认值	允许空	主键	显示名称	说明	上传字段
STATUS	VARCHAR2（500）				数据标记来源（0 自行监测方案录入；1 监督性监测方案导入）		否

附表 9　废气排放设备废弃物类型表（HB_SJCJ_QY_JCXX_FQ_SB_FQW_V）

字段名	类型	默认值	允许空	主键	显示名称	说明	上传字段
FQW_ID	varchar2（50）		N		主键		是
SBBH	varchar2（50）		Y		设备 ID		是
FQWLX	varchar2（50）		Y		废弃物类型		是
CLFS	varchar2（50）		Y		处理方式		是
CLL	varchar2（50）		Y		处理量		是
V_ID	varchar2（50）		Y		版本 id		是
SYNC_IUD	varchar2（50）		Y		同步标志 int		是
SYNC_TIME	varchar2（50）		Y		同步时间		是
STATUS	varchar2（50）				数据标记来源（0 自行监测方案录入；1 监督性监测方案导入）		否

附表 10　废气排放设备工艺过程源类型（HB_SJCJ_QY_JCXX_FQ_SB_GY_V）

字段名	类型	默认值	允许空	主键	显示名称	说明	上传字段
GYGC_ID	varchar2（50）		N	Y	主键		是
SBBH	varchar2（50）		Y		排放设备 ID		是
CPMC	varchar2（50）		Y		产品名称		是
GYJS	varchar2（50）		Y		工艺技术		是
CNDW	varchar2（50）		Y		产能单位		是
CN	varchar2（50）		Y		产能		是
V_ID	varchar2（50）		Y		版本 id		是

字段名	类型	默认值	允许空	主键	显示名称	说明	上传字段
SYNC_IUD	varchar2（50）		Y		同步标志 int		是
SYNC_TIME	varchar2（50）		Y		同步时间		是
SYNC_PROCODE	varchar2（50）		Y		同步省		是
STATUS	varchar2（50）				数据标记来源（0自行监测方案录入；1监督性监测方案导入）		否

附表 11　废气排放设备溶剂源类型（HB_SJCJ_QY_JCXX_FQ_SB_RJY_V）

字段名	类型	默认值	允许空	主键	显示名称	说明	上传字段
RJY_ID	varchar2（50）		N	Y	主键		是
SBBH	varchar2（50）		Y		设备 ID		是
RJLX	varchar2（50）		Y		溶剂类型		是
RJSYGC	varchar2（50）		Y		溶剂使用过程		是
V_ID	varchar2（50）		Y		版本 id		是
SYNC_IUD	varchar2（50）		Y		同步标志 int		是
SYNC_TIME	varchar2（50）		Y		同步时间		是
SYNC_PROCODE	varchar2（50）		Y		同步省		是
STATUS	varchar2（50）				数据标记来源（0自行监测方案录入；1监督性监测方案导入）		否

附表 12　废气排放设备燃烧源类型（HB_SJCJ_QY_JCXX_FQ_SB_RSY_V）

字段名	类型	默认值	允许空	主键	显示名称	说明	上传字段
RSY_ID	varchar2（50）		N	Y	主键		是
RLLX	varchar2（50）		Y		燃料类型		是
RSJS	varchar2（50）		Y		燃烧技术		是

字段名	类型	默认值	允许空	主键	显示名称	说明	上传字段
DDRSFS	varchar2（50）		Y		低氮燃烧方式		是
SBYT	varchar2（50）		Y		设备用途		是
RL	varchar2（50）		Y		燃料		是
SBBH	varchar2（50）		Y		排放设备 ID		是
EDZFL	varchar2（50）		Y		额定蒸发量		是
YYFR	varchar2（50）		Y		用于发热		是
ZJRL	varchar2（50）		Y		装机容量		是
QT	varchar2（50）		Y		其他		是
V_ID	varchar2（50）		Y		版本 id		是
SYNC_IUD	varchar2（50）		Y		同步标志 int		是
SYNC_TIME	varchar2（50）		Y		同步时间		是
SYNC_PROCODE	varchar2（50）		Y		同步省		是
SFDR	varchar2（50）				是否导入		是
STATUS	varchar2（50）				数据标记来源（0自行监测方案录入；1监督性监测方案导入）		否

附表 13　废气排放设备运输源类型（HB_SJCJ_QY_JCXX_FQ_SB_YSY_V）

字段名	类型	默认值	允许空	主键	显示名称	说明	上传字段
YSY_ID	varchar2（50）		N	Y	主键		是
SBBH	varchar2（50）		Y		排放设备 ID		是
YSCP	varchar2（50）		Y		运输产品		是
V_ID	varchar2（50）		Y		版本 id		是
SYNC_IUD	varchar2（50）		Y		同步标志 int		是
SYNC_TIME	varchar2（50）		Y		同步时间		是
SYNC_PROCODE	varchar2（50）		Y		同步省		是
STATUS	varchar2（50）				数据标记来源（0自行监测方案录入；1监督性监测方案导入）		否

附表 14 废气治理设施表（HB_SJCJ_QY_JCXX_FQ_ZLSS_V）

字段名	类型	默认值	允许空	主键	显示名称	说明	上传字段
ZLSS_ID	varchar2（50）		N	Y	主键		是
WRZLSSMC	varchar2（50）		Y		污染设施名称		是
ZLSSLB	varchar2（50）		Y		设施类别		是
GYMC	varchar2（50）		Y		工艺名称		是
CLXL	varchar2（50）		Y		处理效率		是
SX	varchar2（50）		Y		摆放顺序		是
SBBH	varchar2（50）		Y		排放设备表主键		是
V_ID	varchar2（50）		Y		版本 id		是
SYNC_IUD	varchar2（50）		Y		同步标志 int		是
SYNC_TIME	varchar2（50）		Y		同步时间		是
SYNC_PROCODE	varchar2（50）		Y		同步省		是
SFDR	VARCHAR2（5）				是否为导入数据		是
STATUS	varchar2（50）				数据标记来源（0 自行监测方案录入；1 监督性监测方案导入）		否

附表 15 废气排放设备与治理设施关系表（HB_SJCJ_QY_JCXX_FQ_ZLSSGX_V）

字段名	类型	默认值	允许空	主键	显示名称	说明	上传字段
P_ID	varchar2（50）		N	Y	排放设备主键		是
IF_LOW_DIS	varchar2（50）		Y		是否超低排放		否
IF_TWO_DES	varchar2（50）		Y		是否二级脱硫		否
V_ID	varchar2（50）		Y		版本 id		是
SYNC_IUD	varchar2（50）		Y		同步标志 int		是
SYNC_TIME	varchar2（50）		Y		同步时间		是

字段名	类型	默认值	允许空	主键	显示名称	说明	上传字段
SYNC_PROCODE	varchar2（50）		Y		同步省		是
STATUS	varchar2（50）				数据标记来源（0 自行监测方案录入；1 监督性监测方案导入）		否

附表 16　废水监测点信息表（HB_SJCJ_QY_JCXX_FS_DIAN_V）

字段名	类型	默认值	允许空	主键	显示名称	说明	上传字段
JCD_ID	varchar2（50）		N	Y	主键		是
PSKLX	varchar2（50）		Y		排口/进口类型		是
PSKBH	varchar2（50）		Y		排口/进口		是
SHENG	varchar2（50）		Y		省		是
SHI	varchar2（50）		Y		市		是
XIAN	varchar2（50）		Y		县		是
QYBH	varchar2（50）		Y		企业		是
JCD_PX	varchar2（50）		Y		排序序号		否
JCDBH	varchar2（50）		Y		监测点编号		是
FL_ID	varchar2（50）		Y		废水分类表 ID		是
JCDMC	varchar2（50）		Y		监测点名称		是
SFXYPKHJK	varchar2（50）		Y		是否现有排口或进口		是
V_ID	varchar2（50）		Y		版本 ID		是
SYNC_IUD	varchar2（50）		Y		同步标志 int		是
SYNC_TIME	varchar2（50）		Y		同步时间		是
SYNC_PROCODE	varchar2（50）		Y		同步省		是
SFDR	VARCHAR2（5）				是否为导入数据		是
STATUS	varchar2（50）				数据标记来源（0 自行监测方案录入；1 监督性监测方案导入）		否

附表 17　排放口信息表（HB_SJCJ_QY_JCXX_FS_PK_V）

字段名	类型	默认值	允许空	主键	显示名称	说明	上传字段
PFK_ID	varchar2（50）		N	Y	主键		是
PFKMC	varchar2（50）		Y		排口名称		是
PFKBH	varchar2（50）		Y		排口编号		是
PFKLX	varchar2（50）		Y		排放类型		是
PFKWZ	varchar2（50）		Y		排放口位置		是
PFKXS	varchar2（50）		Y		排放形式		是
CLZZ	varchar2（50）		Y		测流装置		是
FSPFQX	varchar2（50）		Y		排水去向		是
SNSTDM	varchar2（50）		Y		受纳水体		是
SNSTGNQB	varchar2（50）		Y		受纳水体功能区别		是
JD	varchar2（50）		Y		经度		是
WD	varchar2（50）		Y		纬度		是
SFGFHZZ	varchar2（50）		Y		是否规范化整治		是
PFGL	varchar2（50）		Y		排放规律		是
PFK_PX	varchar2（50）		Y		排序序号		否
GLQTPFK	varchar2（50）		Y		关联其他排口		是
V_ID	varchar2（50）		Y		版本 ID		是
SFCZZLSS	varchar2（50）		Y		是否存在治理设施		是
SYNC_IUD	varchar2（50）		Y		同步标志 int		是
SYNC_TIME	varchar2（50）		Y		同步时间		是
SYNC_PROCODE	varchar2（50）		Y		同步省		是
SFDR	VARCHAR2（5）				是否为导入数据		是
STATUS	varchar2（50）				数据标记来源（0 自行监测方案录入；1 监督性监测方案导入）		否

附表 18 治理设施信息表（HB_SJCJ_QY_JCXX_FS_ZLSS_V）

字段名	类型	默认值	允许空	主键	显示名称	说明	上传字段
ZLSS_ID	varchar2（50）		N	Y	主键		是
PFKBH	varchar2（50）		Y		排放口编号		是
WRZLSSBH	varchar2（50）		Y		污染治理设施编号		是
WSCLJB	varchar2（50）		Y		污水处理级别		是
WSCLFF	varchar2（50）		Y		污水处理方法		是
WRZLSHMC	varchar2（50）		Y		污染治理设施名称		是
WRZLSSSJCL	varchar2（50）		Y		处理能力		是
SJCLXL	varchar2（50）		Y		处理效率		是
WRZLSSJCRI	varchar2（50）		Y		创建时间		是
WRZLSSZTZE	varchar2（50）		Y		总投资额		是
ZLSS_PX	varchar2（50）		Y		排序		否
WRZLSSCLGY	varchar2（50）		Y		处理工艺		是
V_ID	varchar2（50）		Y		版本 ID		是
SYNC_IUD	varchar2（50）		Y		同步标志 int		是
SYNC_TIME	varchar2（50）		Y		同步时间		是
SYNC_PROCODE	varchar2（50）		Y		同步省		是
STATUS	varchar2（50）				数据标记来源（0 自行监测方案录入；1 监督性监测方案导入）		否

附表 19 进水口信息表（HB_SJCJ_QY_JCXX_FS_JK_V）

字段名	类型	默认值	允许空	主键	显示名称	说明	上传字段
JSK_ID	varchar2（50）		N	Y	主键		是
JSKMC	varchar2（50）		Y		进口名称		是
JSKBH	varchar2（50）		Y		进口编号		是
JSKLX	varchar2（50）		Y		进水口类型		是
FSQX	varchar2（50）		Y		废水去向		是
JD	varchar2（50）		Y		经度		是

字段名	类型	默认值	允许空	主键	显示名称	说明	上传字段
WD	varchar2（50）		Y		纬度		是
JSK_PX	varchar2（50）		Y		排序序号		是
V_ID	varchar2（50）		Y		版本ID		是
SYNC_IUD	varchar2（50）		Y		同步标志int		是
SYNC_TIME	varchar2（50）		Y		同步时间		是
SYNC_PROCODE	varchar2（50）		Y		同步省		是
STATUS	varchar2（50）				数据标记来源（0自行监测方案录入；1监督性监测方案导入）		否

附表20　无组织监测信息表（HB_SJCJ_QY_JCXX_WZZ_DIAN_V）

字段名	类型	默认值	允许空	主键	显示名称	说明	上传字段
JCD_ID	varchar2（50）		N	Y	主键		是
JCDMC	varchar2（50）		Y		无组织监测点名称		是
JCDBH	varchar2（50）		Y		监测点编号		是
JD	varchar2（50）		Y		经度		是
WD	varchar2（50）		Y		纬度		是
SHENG	varchar2（50）		Y		省		是
SHI	varchar2（50）		Y		市		是
XIAN	varchar2（50）		Y		县		是
QYBH	varchar2（50）		Y		企业ID		是
QYMC	varchar2（50）		Y		企业名称		是
FL_ID	varchar2（50）		Y		分类表id		是
JCD_PX	varchar2（50）		Y		排序		否
V_ID	varchar2（50）		Y		版本id		是
SYNC_IUD	varchar2（50）		Y		同步标志int		是
SYNC_TIME	varchar2（50）		Y		同步时间		是
SYNC_PROCODE	varchar2（50）		Y		同步省		是
STATUS	varchar2（50）				数据标记来源（0自行监测方案录入；1监督性监测方案导入）		否

字段名	类型	默认值	允许空	主键	显示名称	说明	上传字段
SFDR	varchar2（50）				是否为许可证导入数据		是

附表 21　噪声监测点信息表（HB_SJCJ_QY_JCXX_ZS_DIAN_V）

字段名	类型	默认值	允许空	主键	显示名称	说明	上传字段
JCD_ID	VARCHAR2（500）		N	Y	主键		是
JCDMC	VARCHAR2（500）		Y		监测点名称		是
JCDBH	VARCHAR2（500）		Y		监测点编号		是
JD	VARCHAR2（500）		Y		经度		是
WD	VARCHAR2（500）		Y		纬度		是
SHENG	VARCHAR2（500）		Y		省		是
SHI	VARCHAR2（500）		Y		市		是
XIAN	VARCHAR2（500）		Y		县		是
QYBH	VARCHAR2（500）		Y		企业 ID		是
QYMC	VARCHAR2（500）		Y		企业名称		是
FL_ID	VARCHAR2（500）		Y		分类 id		是
JCD_PX	VARCHAR2（500）		Y		排序		否
V_ID	VARCHAR2（500）		Y		版本 id		是
SYNC_IUD	VARCHAR2（500）		Y		同步标志 int		是
SYNC_TIME	VARCHAR2（500）		Y		同步时间		是
SYNC_PROCODE	VARCHAR2（500）		Y		同步省		是
STATUS	VARCHAR2（500）				数据标记来源（0 自行监测方案录入；1 监督性监测方案导入）		否

附表 22　周边环境监测点信息表（HB_SJCJ_QY_JCXX_ZB_DIAN_V）

字段名	类型	默认值	允许空	主键	显示名称	说明	上传字段
JCD_ID	varchar2（50）		N	Y	主键		是
JCDMC	varchar2（50）		Y		名称		是
JCDBH	varchar2（50）		Y		编号		是

字段名	类型	默认值	允许空	主键	显示名称	说明	上传字段
JD	varchar2（50）		Y		经度		是
WD	varchar2（50）		Y		纬度		是
SHENG	varchar2（50）		Y		省		是
SHI	varchar2（50）		Y		市		是
XIAN	varchar2（50）		Y		县		是
QYBH	varchar2（50）		Y		企业 ID		是
QYMC	varchar2（50）		Y		企业名称		是
FL_ID	varchar2（50）		Y		分表 id		是
JCD_PX	varchar2（50）		Y		排序		否
V_ID	varchar2（50）		Y		版本 id		是
JCDLX	varchar2（50）		Y		周边环境点类型		是
SYNC_IUD	varchar2（50）		Y		同步标志 int		是
SYNC_TIME	varchar2（50）		Y		同步时间		是
SYNC_PROCODE	varchar2（50）		Y		同步省		是
STATUS	varchar2（50）				数据标记来源（0 自行监测方案录入；1 监督性监测方案导入）		否

附表 23　企业监测信息监测项目表（HB_SJCJ_QY_JYJC_JCXM_V）

字段名	类型	默认值	允许空	主键	显示名称	说明	上传字段
X_ID（旧 ID）	varchar2（50）		N	Y	编号		是
JCD_ID	varchar2（50）				监测点		是
JCFS	varchar2（50）				监测方式		是
JCXM	VARCHAR2（10）			XM_ID	监测项目	条目与项目约束表ID	是
YJLX	VARCHAR2（50）				依据类型		是

字段名	类型	默认值	允许空	主键	显示名称	说明	上传字段
SX	VARCHAR2（50）				上限		是
XX	VARCHAR2（50）				下限		是
QSSJ	VARCHAR2（50）				起始时间		否
JSSJ	VARCHAR2（50）				结束时间		否
JCPC	VARCHAR2（50）	6071058151761			监测频次		是
PCDW	VARCHAR2（50）				频次单位		是
DCCYGS	VARCHAR2（50）				单次采样个数		是
SCCS	VARCHAR2（50）				生产厂商		是
JCSB	VARCHAR2（50）				监测设备		是
SBXH	VARCHAR2（50）				设备型号		是
JCS	VARCHAR2（50）				集成商		是
SBBH	VARCHAR2（50）				设备编号		是
SFWTYY	VARCHAR2（50）				是否委托运营		是
YJWJ	VARCHAR2（50）				依据文件		是
JCFF	VARCHAR2（50）				监测方法		是
WTJG	VARCHAR2（50）				委托机构		是
X_PX	VARCHAR2（50）				排序序号		否
KYHTS	VARCHAR2（50）			0	可延后的天数		是
QYBH	VARCHAR2（50）				企业 id		是
SHENG	VARCHAR2（50）				行政区划省		是
SHI	VARCHAR2（50）				行政区划市		是
XIAN	VARCHAR2（50）				行政区划县		是
V_ID	VARCHAR2（50）				版本 id		是
JCFFMC	VARCHAR2（50）				检测方法名称		是
JCXMZBID	VARCHAR2（50）			ZB_ID	监测项目指标编号		是

字段名	类型	默认值	允许空	主键	显示名称	说明	上传字段
BJCYYPZ	VARCHAR2（50）				不监测原因凭证	附件ID暂时空着	是
ZSFS	VARCHAR2（50）				折算方式		是
ZSXS	VARCHAR2（50）				折算系数		是
DWCPJZL	VARCHAR2（50）				单位产品基准量		是
JSGS	VARCHAR2（50）				计算公式		是
CPMC	VARCHAR2（50）				产品名称		是
CPDW	VARCHAR2（50）				产品单位		是
SFSYDWCPJZL	VARCHAR2（50）				是否采用单位产品基准量		是
SYNC_IUD	VARCHAR2（50）				同步标志int		是
SYNC_TIME	VARCHAR2（50）				同步时间		是
SYNC_PROCODE	VARCHAR2（50）				同步省		是
SFDR	VARCHAR2（5）				是否为导入数据		是
XZDW	VARCHAR2（32）				限值单位		是
STATUS	VARCHAR2（32）				数据标记来源（0自行监测方案录入；1监督性监测方案导入）		否

附表 24　标准基本信息表（HB_BZ_JBXX）

字段名	类型	默认值	允许空	主键	显示名称	说明	上传字段
BZ_ID（旧ID）	VARCHAR2（500）		N	Y	编号	是	是
BZMC	VARCHAR2（500）				名称	是	是
BZBH	VARCHAR2（500）				编号	是	是

字段名	类型	默认值	允许空	主键	显示名称	说明	上传字段
BZLX	VARCHAR2（500）				类型	国家标准、地方标准	是
YYHYDM	VARCHAR2（500）				应用行业代码	从国标行业中选取	是
YYFW	VARCHAR2（500）				应用范围		是
BZFL	VARCHAR2（500）				标准分类	废水、废气、无组织、周边环境质量、厂界噪声	是
SSSJ	DATE				实施时间		是
FZSJ	DATE				废止时间		是
BZ	Number（1）				备注	在用、废止	是
DJR	VARCHAR2（500）				登记人		是
DJBM	NUmBER（6）				登记部门	地标	是
CJSJ	VARCHAR2（500）				创建时间		是
SHENG	VARCHAR2（500）				省		是
SHI	VARCHAR2（500）				市		是
XIAN	VARCHAR2（500）				县		是
BZFL1	VARCHAR2（500）				类型1		是
BZFL2	VARCHAR2（500）				类型2		是
BZFL3	VARCHAR2（500）				类型3		是
BZFL4	VARCHAR2（500）				类型4		是
YHLB	VARCHAR2（500）				用户类别		是

附表 25　标准条目表（HB_BZ_TMXX）

字段名	类型	默认值	允许空	主键	显示名称	说明	上传字段
TM_ID（旧ID）	varchar2（50）	N		Y	编号	自动生成唯一标识	是
F_ID	varchar2（50）				父节点 ID		是
BZ_ID	varchar2（50）				标准代码		是
TMMC	varchar2（50）				条目名称		是
TMNR	varchar2（400）				条目内容		是
BZ	varchar2（400）				备注		是
PX	varchar2（50）				排序		是
BZTMFL	VARCHAR2（50）				标准条目分类		是

附表 26　标准信息监测项目表（HB_BZ_XMZB）

字段名	类型	默认值	允许空	主键	显示名称	说明	上传字段
ZB_ID	varchar2（50）		N	Y	编号		是
ZBMC	varchar2（50）				名称		是
JCXM	varchar2（100）				监测项目	对应监测项目	是
ZBBH	varchar2（20）				编号	毫克/升，微克/升，毫克/立方米，PH，个	是
QZDW	varchar2（50）				取值单位		是
ZBLX	varchar2（50）				水和废水		是
PX	varchar2（400）				排序		是
SFZJSZB	varchar2（64）				是否重金属指标	用于辅助判断执行标准的字段名	是
CJSJ	varchar2（50）				创建时间	执行标准的取值，如温度 30	是
CJR	varchar2（2）				创建人	＜，≤，＞，≥	是
SHENG	varchar2（50）				省		是
SHI	varchar2（50）				市		是
XIAN	varchar2（50）				县		是
LX	varchar2（50）				类型（0 国家指标；1 地方指标）		是
ZBLX2	varchar2（50）				环境空气和废气		是
ZBLX3	varchar2（50）				土壤和水系沉积物		是
ZBLX4	varchar2（50）				固体废物		是
ZBLX5	varchar2（50）				生物		是
ZBLX6	varchar2（50）				噪声		是
ZBLX7	varchar2（50）				振动		是
ZBLX8	varchar2（50）				海水		是
ZBLX9	varchar2（50）				室内空气		是
ZBLX10	varchar2（50）				通用		是
ZBLX11	varchar2（50）				类型 1		是
ZBLX12	varchar2（50）				类型 2		是

字段名	类型	默认值	允许空	主键	显示名称	说明	上传字段
ZBLX13	varchar2（50）				类型 3		是
ZBLX14	varchar2（50）				类型 4		是
FSBH	varchar2（50）				废水类型编号		是
FQBH	varchar2（50）				废气类型编号		是

附表 27　标准条目和项目关系及约束表（HB_BZ_JCXM）

字段名	类型	默认值	允许空	主键	显示名称	说明
XM_ID	varchar2（50）		N	Y	编号	
TM_ID	varchar2（50）				条目 ID	
ZB_ID	varchar2（100）				监测项目 ID	对应监测项目
XZDW	varchar2（20）				限制单位	毫克/升；微克/升；毫克/立方米；pH；个
SX	varchar2（50）				排放上限	
XX	varchar2（50）				排放下限	
BZ	varchar2（400）				备注	
PDCSZD	varchar2（64）				判断参数字段	用于辅助判断执行标准的字段名
PDCSQZ	varchar2（50）				判断参数取值	执行标准的取值，如温度30
PDCSYSF	varchar2（2）				判断参数的运算符号	<，≤，>，≥
PX	varchar2（50）				排序	
BZ_ID	varchar2（50）				标准 id	
ZSFS	varchar2（50）				折算方式	
ZSXS	varchar2（50）				折算系数	
DWCPJZL	varchar2（50）				单位产品基准量	
JSGS	varchar2（50）				计算公式	
CPMC	varchar2（50）				产品名称	
CPDW	varchar2（50）				产品单位	
SFSYDWCPJZL	varchar2（50）				是否采用单位产品基准量	
DWCPJZPSL	varchar2（50）				单位产品基准排水量	

附表 28 监测方法表（HB_ZXJCZSK_JCFFK_JBXX）

字段名	类型	默认值	允许空	主键	显示名称	说明
ID	VARCHAR2（50）		N	Y	编号	
FFMC	VARCHAR2（50）				方法名称	
FFBZMC	VARCHAR2（50）				方法标准名称	
FFBZBH	VARCHAR2（50）				发放标准编号	
FFBZFL	VARCHAR2（50）				发放标准分类	
FFBZDT	VARCHAR2（50）				发放标准代替	
FBRQ	DATE				发布日期	
SSRQ	DATE				实施日期	
TJSJ	DATE				添加时间	
BUJI	VARCHAR2（50）				部级	
SHENG	VARCHAR2（50）				省	
SHI	VARCHAR2（50）				市	
XIAN	VARCHAR2（50）				县	

附表 29 监测方法标准信息表（HB_ZXJCZSK_JCFFK_BZXX）

字段名	类型	默认值	允许空	主键	显示名称	说明
ID	varchar2（50）		N	Y	编号	
CYFL	varchar2（50）				采样分类	
QYL	varchar2（255）				取样量	
QYDW	varchar2（50）				企业单位	
DRTJ	varchar2（50）				定容体积	
JYL	varchar2（50）				进样量	
JYDW	VARCHAR2（50）				进样单位	
JCND	VARCHAR2（50）				检测浓度	
JCX	VARCHAR2（50）				检出限	
CDXX	VARCHAR2（50）				测定下限	
CDSX	VARCHAR2（50）				测定上限	
CDFW	VARCHAR2（50）				测定范围	
JCDW	VARCHAR2（50）				检出单位	
FFYL	VARCHAR2（1000）				方法原理	
JCXXID	VARCHAR2（50）				基本信息 ID	

附表 30　监测项目监测方法关系表（HB_ZXJCZSK_JCFFK_JCXM_GXB）

字段名	类型	默认值	允许空	主键	显示名称	说明
ID	VARCHAR2（500）		N	Y	ID	
JCXMID	VARCHAR2（500）		Y		监测项目 ID	
JCFFID	VARCHAR2（500）		Y		监测方法 ID	
JCFFMC	VARCHAR2（500）		Y		检测方法名称	
JCXMMC	VARCHAR2（500）		Y		监测项目名称	

附表 31　废气参数监测结果表-手工（HB_SJCJ_QY_FQ_SGJG）

字段名	类型	默认值	允许空	主键	显示名称	说明	上传字段
ID	VARCHAR2（500）		N	Y	编号		是
JCDBH	VARCHAR2（500）		Y		监测点编号		是
JCDJCXMBH	VARCHAR2（500）		Y		监测点监测项目编号		是
WENDU	VARCHAR2（500）		Y		温度		是
LIUSU	VARCHAR2（500）		Y		流速		是
SCFUHE	VARCHAR2（500）		Y		生产负荷		是
HANYANGLIANG	VARCHAR2（500）		Y		含氧量		是
SHIDU	VARCHAR2（500）		Y		湿度		是
LIULIANG	VARCHAR2（500）		Y		流量		是
SCND	VARCHAR2（500）		Y		实测浓度		是
ZSND	VARCHAR2（500）		Y		折算浓度		是
SJFBRQ	VARCHAR2（500）		Y		实际发布日期		是
SFJDXJC	VARCHAR2（500）		Y		是否监督性监测		是
LRRY	VARCHAR2（500）		Y		录入人员		是
CYSJ	VARCHAR2（500）		Y		采样时间		是
XZSX	VARCHAR2（500）		Y		限值上限		是
XZXX	VARCHAR2（500）		Y		限值下限		是
SFCB	VARCHAR2（500）		Y		是否超标 0 达标 1 超标		是
CBBS	VARCHAR2（500）		Y		超标倍数		是
QYBH	VARCHAR2（500）		Y		企业编号		是
TBSJ	VARCHAR2（500）		Y		填报时间		是

字段名	类型	默认值	允许空	主键	显示名称	说明	上传字段
SFCQ	VARCHAR2（500）		Y		是否超期填报 0 未超期；1 超期		是
PCDW	VARCHAR2（500）		Y		频次单位		是
PCZ	VARCHAR2（500）		Y		频次值		是
CBYY	VARCHAR2（500）		Y		超标原因		是
PFSBBH	VARCHAR2（500）		Y		排放设备编号		是
BZXMBH	VARCHAR2（500）		Y		标准项目编号		是
QYMC	VARCHAR2（500）		Y		企业名称		是
PFSBMC	VARCHAR2（500）		Y		排放设备名称		是
JCDMC	VARCHAR2（500）		Y		监测点名称		是
JCXMMC	VARCHAR2（500）		Y		检查项目名称		是
WJCYY	VARCHAR2（500）		Y		未监测原因		是
SFTC	VARCHAR2（500）		Y		是否停产 0 未停产；1 停产		是
SHENG	VARCHAR2（500）		Y		省		是
SHI	VARCHAR2（500）		Y		市		是
XIAN	VARCHAR2（500）		Y		县		是
KSRQ	VARCHAR2（500）		Y		开始采样日期		是
CPMC	VARCHAR2（500）		Y		产品名称		是
CPCL	VARCHAR2（500）		Y		产品产量		是
CPDW	VARCHAR2（500）		Y		产品单位		是
JZRQ	VARCHAR2（500）		Y		截止填报日期		是
ZHSFS	VARCHAR2（500）		Y		折算方式		是
ZSXS	VARCHAR2（500）		Y		折算系数		是
DWCPJZL	VARCHAR2（500）		Y		单位产品基准量		是
JSGS	VARCHAR2（500）		Y		计算公式		是
SFSYDWCPJZL	VARCHAR2（500）		Y		是否采用单位产品基准量		是
CLZT	VARCHAR2（500）		Y		处理状态		是
SYNC_IUD	VARCHAR2（500）		Y		同步标志 int		是
SYNC_TIME	VARCHAR2（500）		Y		同步时间		是
SYNC_PROCODE	VARCHAR2（500）		Y		同步省		是
JCXMDW	VARCHAR2（500）		Y		监测项目单位		是
SJZSND	VARCHAR2（500）		Y		实际折算浓度		是
PFLJSZSND	VARCHAR2（500）		Y		排放量计算折算浓度		是

附表 32　在线结果超标记录表（HB_SJCJ_QY_ZXJG_CBJL）

字段名	类型	默认值	允许空	主键	显示名称	说明	上传字段
ID	VARCHAR2（500）		N	Y	id		是
QYBH	VARCHAR2（500）		Y		企业编号		是
JCDBH	VARCHAR2（500）		Y		监测点编号		是
JCDJCXMBH	VARCHAR2（500）		Y		监测项目编号		是
SCND	VARCHAR2（500）		Y		实测浓度		是
SJFBRQ	VARCHAR2（500）		Y		实际发布日期		是
LRRY	VARCHAR2（500）		Y		录入人员		是
TBSJ	VARCHAR2（500）		Y		填报时间		是
XZSX	VARCHAR2（500）		Y		限值上限		是
XZXX	VARCHAR2（500）		Y		限值下限		是
SFCB	VARCHAR2（500）		Y		是否超标		是
CBBS	VARCHAR2（500）		Y		超标倍数		是
ZSND	VARCHAR2（500）		Y		折算浓度		是
BZXMBH	VARCHAR2（500）		Y		标准项目编号		是
PCZ	VARCHAR2（500）		Y		频次值几小时一次		是
CBYY	VARCHAR2（500）		Y		超标原因		是
JCSJ	VARCHAR2（500）		Y		监测时间		是
JCRQ	VARCHAR2（500）		Y		监测日期		是
PFSBBH	VARCHAR2（500）		Y		排放设备编号		是
JCLX	VARCHAR2（500）		Y		监测类型		是
SFJDXJC	VARCHAR2（500）		Y		是否监督性监测 0 否；1 是		是
PCDW	VARCHAR2（500）		Y		频次单位		是
JCFS	VARCHAR2（500）		Y		监测方式，手工在线		是
SYNC_IUD	VARCHAR2（500）		Y		同步标志 int		是
SYNC_TIME	VARCHAR2（500）		Y		同步时间		是
SYNC_PROCODE	VARCHAR2（500）		Y		同步省		是

附表 33　噪声监测信息表-手工（HB_SJCJ_QY_ZS_SGJG）

字段名	类型	默认值	允许空	主键	显示名称	说明	上传字段
ID	VARCHAR2（500）		N	PK_HB_ERP_ZS_JCJG			是
JCDBH	VARCHAR2（500）		Y		监测点编号		是
JCDJCXMBH	VARCHAR2（500）		Y		监测点监测项目编号		是
SJFBRQ	VARCHAR2（500）		Y		实际发布日期		是
SFJDXJC	VARCHAR2（500）		Y		是否监督性监测		是
CBBS	VARCHAR2（500）		Y		超标倍数		是
CBYY	VARCHAR2（500）		Y		超标原因		是
LRRY	VARCHAR2（500）		Y		录入人员		是
CYSJ	VARCHAR2（500）		Y		采样时间		是
ZSND	VARCHAR2（500）		Y		折算浓度		是
XZSX	VARCHAR2（500）		Y		限值上限		是
XZXX	VARCHAR2（500）		Y		限值下限		是
PCZ	VARCHAR2（500）		Y		频次值		是
TBSJ	VARCHAR2（500）		Y		填报时间		是
QYBH	VARCHAR2（500）		Y		企业编号		是
SCND	VARCHAR2（500）		Y		实测浓度		是
SFCB	VARCHAR2（500）		Y		是否超标		是
BZXMBH	VARCHAR2（500）		Y		标准项目编号		是
PCDW	VARCHAR2（500）		Y		频次单位		是
QYMC	VARCHAR2（500）		Y		企业名称		是
JCDMC	VARCHAR2（500）		Y		监测点名称		v
JCXMMC	VARCHAR2（500）		Y		检查项目名称		是
WJCYY	VARCHAR2（500）		Y		未监测原因		是
SFTC	VARCHAR2（500）		Y		是否停产 0 未停产；1 停产		是
SHENG	VARCHAR2（500）		Y		省		是
SHI	VARCHAR2（500）		Y		市		是
XIAN	VARCHAR2（500）		Y		县		是
SFCQ	VARCHAR2（500）		Y		是否超期		是
SY	VARCHAR2（500）		Y		声源		是
FS	VARCHAR2（500）		Y		风速		是

字段名	类型	默认值	允许空	主键	显示名称	说明	上传字段
KSRQ	VARCHAR2（500）		Y		开始采样日期		是
CPMC	VARCHAR2（500）		Y		产品名称		是
CPCL	VARCHAR2（500）		Y		产品产量		是
CPDW	VARCHAR2（500）		Y		产品单位		是
JZRQ	VARCHAR2（500）		Y		截止填报日期		是
ZHSFS	VARCHAR2（500）		Y		折算方式		是
ZSXS	VARCHAR2（500）		Y		折算系数		是
DWCPJZL	VARCHAR2（500）		Y		单位产品基准量		是
JSGS	VARCHAR2（500）		Y		计算公式		是
SFSYDWCPJZL	VARCHAR2（500）		Y		是否采用单位产品基准量		是
CLZT	VARCHAR2（500）		Y		处理状态		是
SYNC_IUD	VARCHAR2（500）		Y		同步标志		是
SYNC_TIME	VARCHAR2（500）		Y		同步时间		是
SYNC_PROCODE	VARCHAR2（500）		Y		同步省		是
JCXMDW	VARCHAR2（500）		Y		监测项目单位		是
SJZSND	VARCHAR2（500）		Y		实际折算浓度		是
PFLJSZSND	VARCHAR2（500）		Y		排放量计算折算浓度		是

附表34 周边环境手工录入（HB_SJCJ_QY_ZBHJ_SGJG）

字段名	类型	默认值	允许空	主键	显示名称	说明	上传字段
ID	VARCHAR2（500）		N	Y	id		是
JCDBH	VARCHAR2（500）		Y		监测点编号		是
JCDJCXMBH	VARCHAR2（500）		Y		监测点监测项目编号		是
SCND	VARCHAR2（500）		Y		实测浓度		是
TBSJ	VARCHAR2（500）		Y		填报时间		是
SFJDXJC	VARCHAR2（500）		Y		是否监督性监测		是
CBYY	VARCHAR2（500）		Y		超标原因		是

字段名	类型	默认值	允许空	主键	显示名称	说明	上传字段
QYBH	VARCHAR2（500）		Y		企业编号		是
LRRY	VARCHAR2（500）		Y		录入人员		是
CYSJ	VARCHAR2（500）		Y		采样时间		是
SFCB	VARCHAR2（500）		Y		是否超标		是
XZSX	VARCHAR2（500）		Y		限值上限		是
XZXX	VARCHAR2（500）		Y		限值下限		是
CBBS	VARCHAR2（500）		Y		超标倍数		是
SJFBRQ	VARCHAR2（500）		Y		实际发布日期		是
ZSND	VARCHAR2（500）		Y		折算浓度		是
BZXMBH	VARCHAR2（500）		Y		标准项目编号		是
PCZ	VARCHAR2（500）		Y		频次值		是
PCDW	VARCHAR2（500）		Y		频次单位		是
QYMC	VARCHAR2（500）		Y		企业名称		是
JCDMC	VARCHAR2（500）		Y		监测点名称		是
JCXMMC	VARCHAR2（500）		Y		检查项目名称		是
WJCYY	VARCHAR2（500）		Y		未监测原因		是
SFTC	VARCHAR2（500）		Y		是否停产 0 未停产；1 停产		是
SHENG	VARCHAR2（500）		Y		省		是
SHI	VARCHAR2（500）		Y		市		是
XIAN	VARCHAR2（500）		Y		县		是
SFCQ	VARCHAR2（500）		Y		是否超期		是
HJKQ_SD	VARCHAR2（500）		Y		湿度		是
HJKQ_QW	VARCHAR2（500）		Y		气温		是
HJKQ_QY	VARCHAR2（500）		Y		气压		是
HJKQ_FS	VARCHAR2（500）		Y		风速		是
HJKQ_FX	VARCHAR2（500）		Y		风向		是
DBS_LL	VARCHAR2（500）		Y		流量		是
DBS_GGMS	VARCHAR2（500）		Y		感官描述		是
DBS_YWPFW	VARCHAR2（500）		Y		有无漂浮物		是
DBS_YWY	VARCHAR2（500）		Y		有无油		是
DXS_JS	VARCHAR2（500）		Y		井深		是
DXS_SW	VARCHAR2（500）		Y		水位		是
TR_CYSD	VARCHAR2（500）		Y		采样深度		是
TR_DZW	VARCHAR2（500）		Y		动植物		是

字段名	类型	默认值	允许空	主键	显示名称	说明	上传字段
TR_TRYS	VARCHAR2（500）		Y		土壤颜色		是
TR_SF	VARCHAR2（500）		Y		水分		是
TR_TRLYQK	VARCHAR2（500）		Y		土壤利用情况		是
ZS_SY	VARCHAR2（500）		Y		声源		是
ZS_FS	VARCHAR2（500）		Y		环境噪声风速		是
JCDLX	VARCHAR2（500）		Y		监测点类型		是
KSRQ	VARCHAR2（500）		Y		开始采样日期		是
CPMC	VARCHAR2（500）		Y		产品名称		是
CPCL	VARCHAR2（500）		Y		产品产量		是
CPDW	VARCHAR2（500）		Y		产品单位		是
JZRQ	VARCHAR2（500）		Y		截止填报日期		是
ZHSFS	VARCHAR2（500）		Y		折算方式		是
ZSXS	VARCHAR2（500）		Y		折算系数		是
DWCPJZL	VARCHAR2（500）		Y		单位产品基准量		是
JSGS	VARCHAR2（500）		Y		计算公式		是
SFSYDWCPJZL	VARCHAR2（500）		Y		是否采用单位产品基准量		是
CLZT	VARCHAR2（500）		Y		处理状态		是
SYNC_IUD	VARCHAR2（500）		Y		同步标志 int		是
SYNC_TIME	VARCHAR2（500）		Y		同步时间		是
SYNC_PROCODE	VARCHAR2（500）		Y		同步省		是
JCXMDW	VARCHAR2（500）		Y		监测项目单位		是
SJZSND	VARCHAR2（500）		Y		实际折算浓度		是
PFLJSZSND	VARCHAR2（500）		Y		排放量计算折算浓度		是

附表 35　无组织参数结果信息表-手工（HB_SJCJ_QY_WZZ_SGJG）

字段名	类型	默认值	允许空	主键	显示名称	说明	上传字段
ID	VARCHAR2（500）		N	Y	id		是
JCDBH	VARCHAR2（500）		Y		监测点编号		是
JCDJCXMBH	VARCHAR2（500）		Y		监测点监测项目编号		是

字段名	类型	默认值	允许空	主键	显示名称	说明	上传字段
SJFBRQ	VARCHAR2（500）		Y		实际发布日期		是
SFJDXJC	VARCHAR2（500）		Y		是否监督性监测		是
LRRY	VARCHAR2（500）		Y		录入人员		是
CYSJ	VARCHAR2（500）		Y		采样时间		是
XZSX	VARCHAR2（500）		Y		限值上限		是
XZXX	VARCHAR2（500）		Y		限值下限		是
TBSJ	VARCHAR2（500）		Y		填报时间		是
CBBS	VARCHAR2（500）		Y		超标倍数		是
CBYY	VARCHAR2（500）		Y		超标原因		是
QYBH	VARCHAR2（500）		Y		企业编号		是
SCND	VARCHAR2（500）		Y		实测浓度		是
ZSND	VARCHAR2（500）		Y		折算浓度		是
SFCB	VARCHAR2（500）		Y		是否超标		是
BZXMBH	VARCHAR2（500）		Y		标准项目编号		是
PCZ	VARCHAR2（500）		Y		频次值		是
PCDW	VARCHAR2（500）		Y		频次单位		是
QYMC	VARCHAR2（500）		Y		企业名称		是
JCDMC	VARCHAR2（500）		Y		监测点名称		是
JCXMMC	VARCHAR2（500）		Y		检查项目名称		是
WJCYY	VARCHAR2（500）		Y		未监测原因		是
SFTC	VARCHAR2（500）		Y		是否停产 0 未停产；1 停产		是
SHENG	VARCHAR2（500）		Y		省		是
SHI	VARCHAR2（500）		Y		市		是
XIAN	VARCHAR2（500）		Y		县		是
SFCQ	VARCHAR2（500）		Y		是否超期		是
FX	VARCHAR2（500）		Y		风向		是
FS	VARCHAR2（500）		Y		风速		是
WD	VARCHAR2（500）		Y		温度		是
YL	VARCHAR2（500）		Y		压力		是
KSRQ	VARCHAR2（500）		Y		开始采样日期		是
CPMC	VARCHAR2（500）		Y		产品名称		是
CPCL	VARCHAR2（500）		Y		产品产量		是
CPDW	VARCHAR2（500）		Y		产品单位		是
JZRQ	VARCHAR2（500）		Y		截止填报日期		是

字段名	类型	默认值	允许空	主键	显示名称	说明	上传字段
ZHSFS	VARCHAR2（500）		Y		折算方式		是
ZSXS	VARCHAR2（500）		Y		折算系数		是
DWCPJZL	VARCHAR2（500）		Y		单位产品基准量		是
JSGS	VARCHAR2（500）		Y		计算公式		是
SFSYDWCPJZL	VARCHAR2（500）		Y		是否采用单位产品基准量		是
CLZT	VARCHAR2（500）		Y		处理状态		是
SYNC_IUD	VARCHAR2（500）		Y		同步标志 int		是
SYNC_TIME	VARCHAR2（500）		Y		同步时间		是
SYNC_PROCODE	VARCHAR2（500）		Y		同步省		是
JCXMDW	VARCHAR2（500）		Y		监测项目单位		是
SJZSND	VARCHAR2（500）		Y		实际折算浓度		是
PFLJSZSND	VARCHAR2（500）		Y		排放量计算折算浓度		是

附表 36 企业年度报告表（HB_SJCJ_QY_QYBG）

字段名	类型	默认值	允许空	主键	显示名称	说明	上传字段
G_ID	VARCHAR2（500）		N	Y	主键		是
G_NAME	VARCHAR2（500）		Y		报告名称		是
G_YEAR	VARCHAR2（500）		Y		报告年度		是
G_CREAT_TIME	VARCHAR2（500）		Y		创建时间		是
G_CREATER	VARCHAR2（500）		Y		创建人		是
FILE_ID	VARCHAR2（500）		Y		文件 id		是
E_ID	VARCHAR2（500）		Y		企业 id		是
QYMC	VARCHAR2（500）		Y		企业名称		是
CJRMC	VARCHAR2（500）		Y		创建人名称		是
SYNC_IUD	VARCHAR2（500）		Y		同步标志 int		是
SYNC_TIME	VARCHAR2（500）		Y		同步时间		是
SYNC_PROCODE	VARCHAR2（500）		Y		同步省		是

附表 37　废水参数监测结果表-手工（HB_SJCJ_QY_FS_SGJG）

字段名	类型	默认值	允许空	主键	显示名称	说明	上传字段
ID	VARCHAR2（500）		N	Y	监测结果编号		是
JCDBH	VARCHAR2（500）		Y		监测点编号		是
JCDJCXMBH	VARCHAR2（500）		Y		监测点监测项目编号		是 ZB_ID 26
GZFUHE	VARCHAR2（500）		Y		工作负荷		是
LIULIANG	VARCHAR2（500）		Y		流量		是
SCND	VARCHAR2（500）		Y		实测浓度		是
SJFBRQ	VARCHAR2（500）		Y		实际发布日期		是
SFJDXJC	VARCHAR2（500）		Y		是否监督性监测		是
LRRY	VARCHAR2（500）		Y		录入人员		是
CYSJ	VARCHAR2（500）		Y		采样时间		是（具体采样时间）
TBSJ	VARCHAR2（500）		Y		填报时间		是
XZSX	VARCHAR2（500）		Y		限值上限		是
XZXX	VARCHAR2（500）		Y		限值下限		是
CBBS	VARCHAR2（500）		Y		超标倍数		是
QYBH	VARCHAR2（500）		Y		企业编号		是
ZSND	VARCHAR2（500）		Y		折算浓度		是
CBYY	VARCHAR2（500）		Y		超标原因		是
SFCQ	VARCHAR2（500）		Y		是否超期		是
BZXMBH	VARCHAR2（500）		Y		标准项目编号		是（23ID）
PCDW	VARCHAR2（500）		Y		频次单位		是
PCZ	VARCHAR2（500）		Y		频次值		是
SFCB	VARCHAR2（500）		Y		是否超标		是
QYMC	VARCHAR2（500）		Y		企业名称		是
JCDMC	VARCHAR2（500）		Y		监测点名称		是
JCXMMC	VARCHAR2（500）		Y		检查项目名称		是
WJCYY	VARCHAR2（500）		Y		未监测原因		是（废弃）
SFTC	VARCHAR2（500）		Y		是否停产 0 未停产；1 停产		是（废弃）
SHENG	VARCHAR2（500）		Y		省		是

字段名	类型	默认值	允许空	主键	显示名称	说明	上传字段
SHI	VARCHAR2（500）		Y		市		是
XIAN	VARCHAR2（500）		Y		县		是
KSRQ	VARCHAR2（500）		Y		开始采样日期		是（频次采样第一天）
CPMC	VARCHAR2（500）		Y		产品名称		是
CPCL	VARCHAR2（500）		Y		产品产量		是
CPDW	VARCHAR2（500）		Y		产品单位		是
JZRQ	VARCHAR2（500）		Y		截止填报日期		是
ZHSFS	VARCHAR2（500）		Y		折算方式		是
ZSXS	VARCHAR2（500）		Y		折算系数		是
DWCPJZL	VARCHAR2（500）		Y		单位产品基准量		是
JSGS	VARCHAR2（500）		Y		计算公式		是
SFSYDWCPJZL	VARCHAR2（500）		Y		是否采用单位产品基准量		是
CLZT	VARCHAR2（500）		Y		处理状态		是（废弃）
SYNC_IUD	VARCHAR2（500）		Y		同步标志 int		是
SYNC_TIME	VARCHAR2（500）		Y		同步时间		是
SYNC_PROCODE	VARCHAR2（500）		Y		同步省		是
JCXMDW	VARCHAR2（500）		Y		监测项目单位		是
SJZSND	VARCHAR2（500）		Y		实际折算浓度		是
PFLJSZSND	VARCHAR2（500）		Y		排放量计算折算浓度		是

附表 38　废水参数结果信息表-在线（HB_SJCJ_QY_FS_ZXJG）

字段名	类型	默认值	允许空	主键	显示名称	说明	上传字段
ID	VARCHAR2（500）		N	Y	id		是
QYBH	VARCHAR2（500）		Y		企业编号		是
JCDBH	VARCHAR2（500）		Y		监测点编号		是
JCDJCXMBH	VARCHAR2（500）		Y		监测项目编号		是
GZFUHE	VARCHAR2（500）		Y		工作负荷		是
LIULIANG	VARCHAR2（500）		Y		流量		是
SCND	VARCHAR2（500）		Y		实测浓度		是

字段名	类型	默认值	允许空	主键	显示名称	说明	上传字段
SJFBRQ	VARCHAR2（500）		Y		实际发布日期		是
LRRY	VARCHAR2（500）		Y		录入人员		是
TBSJ	VARCHAR2（500）		Y		填报时间		是
XZSX	VARCHAR2（500）		Y		限值上限		是
XZXX	VARCHAR2（500）		Y		限值下限		是
SFCB	VARCHAR2（500）		Y		是否超标		是
CBBS	VARCHAR2（500）		Y		超标倍数		是
ZSND	VARCHAR2（500）		Y		折算浓度		是
BZXMBH	VARCHAR2（500）		Y		标准项目编号		是
PCZ	VARCHAR2（500）		Y		频次值几小时一次		是
CBYY	VARCHAR2（500）		Y		超标原因		是
JCSJ	VARCHAR2（500）		Y		监测时间		是（日期时间）
JCRQ	VARCHAR2（500）		Y		监测日期		是（日期）
QYMC	VARCHAR2（500）		Y		企业名称		是
JCDMC	VARCHAR2（500）		Y		监测点名称		是
JCXMMC	VARCHAR2（500）		Y		监测项目名称		是
WJCYY	VARCHAR2（500）		Y		未监测原因		是（废弃）
SFTC	VARCHAR2（500）		Y		是否停产 0 未停产；1 停产		是（废弃）
SHENG	VARCHAR2（500）		Y		省		是
SHI	VARCHAR2（500）		Y		市		是
XIAN	VARCHAR2（500）		Y		县		是
FBZT	VARCHAR2（500）		Y		1 未提交；2 已提交；3 被打回；4 已发布		是
CLZT	VARCHAR2（500）		Y		处理状态		是（废弃）
SYNC_IUD	VARCHAR2（500）		Y		同步标志 int		是
SYNC_TIME	VARCHAR2（500）		Y		同步时间		是
SYNC_PROCODE	VARCHAR2（500）		Y		同步省		是
JCXMDW	VARCHAR2（500）				监测项目单位		是

字段名	类型	默认值	允许空	主键	显示名称	说明	上传字段
SJZSND	VARCHAR2（500）				实际折算浓度		是（＜检出限）
PFLJSZSND	VARCHAR2（500）				排放量计算折算浓度		是 1/2 检出限

附表 39　固体废物处置厂（HB_SJCJ_QY_GTFWCZC）

字段名	类型	默认值	允许空	主键	显示名称	说明	上传字段
ID	VARCHAR2（500）		N	Y	编号		是
FWCZCLB	VARCHAR2（500）				废物处置厂类别	垃圾填埋场、危险废物处置厂、医疗废物处置厂	是
LJCZFS	VARCHAR2（500）				垃圾处置方式	填埋、焚烧、堆肥、其他	是
LJLX	varchar2（75）				垃圾类型	生活垃圾、工业垃圾、建筑垃圾、其他（垃圾填埋场选）	是
WXFWLX	varchar2（75）				危险废物类型	具体的项目还要梳理（危险废物处置厂选）	是
YLFWLX	varchar2（75）				医疗废物类型	同危险废物（危险废物类型、医疗废物类型合到固体废物类型中）	是
JBID	VARCHAR2（500）		N		基表 ID		是
WXFWCZFS	VARCHAR2（500）				危险废物处置方式		是
YLFWCZFS	VARCHAR2（500）				医疗废物处置方式		是
SYNC_IUD	NUMBER				同步标志 int		是
SYNC_TIME	VARCHAR2（500）				同步时间		是
SYNC_PROCODE	VARCHAR2（500）				同步省		是

附表 40　废气参数监测结果表-在线（HB_SJCJ_QY_FQ_ZXJG）

字段名	类型	默认值	允许空	主键	显示名称	说明	上传字段
ID	VARCHAR2（500）		N		id		是
QYBH	VARCHAR2（500）		Y		企业编号		是
PFSBBH	VARCHAR2（500）		Y		排放设备编号		是
JCDBH	VARCHAR2（500）		Y		监测点编号		是
JCDJCXMBH	VARCHAR2（500）		Y		监测点监测项目编号		是
WENDU	VARCHAR2（500）		Y		温度		是
LIUSU	VARCHAR2（500）		Y		流速		是
SCFUHE	VARCHAR2（500）		Y		生产负荷		是
HANYANGLIANG	VARCHAR2（500）		Y		含氧量		是
SHIDU	VARCHAR2（500）		Y		湿度		是
LIULIANG	VARCHAR2（500）		Y		流量		是
SCND	VARCHAR2（500）		Y		实测浓度		是
ZSND	VARCHAR2（500）		Y		折算浓度		是
SJFBRQ	VARCHAR2（500）		Y		实际发布日期		是
LRRY	VARCHAR2（500）		Y		录入人员		是
XZSX	VARCHAR2（500）		Y		限值上限		是
XZXX	VARCHAR2（500）		Y		限值下限		是
SFCB	VARCHAR2（500）		Y		是否超标		是
CBBS	VARCHAR2（500）		Y		超标倍数		是
TBSJ	VARCHAR2（500）		Y		填报时间		是
BZXMBH	VARCHAR2（500）		Y		标准项目编号		是
CBYY	VARCHAR2（500）		Y		超标原因		是
PCZ	VARCHAR2（500）		Y		频次值		是
JCSJ	VARCHAR2（500）		Y		监测时间		是
JCRQ	VARCHAR2（500）		Y		监测日期		是
QYMC	varchar2（500）				企业名称		是
PFSBMC	varchar2（500）				排放设备名称		是
JCDMC	varchar2（500）				监测点名称		是
JCXMMC	varchar2（500）				检查项目名称		是
WJCYY	VARCHAR2（500）				未监测原因		是

字段名	类型	默认值	允许空	主键	显示名称	说明	上传字段
SFTC	VARCHAR2（500）				是否停产 0 未停产；1 停产目前不用		是
SHENG	VARCHAR2（500）				省		是
SHI	VARCHAR2（500）				市		是
XIAN	VARCHAR2（500）				县		是
FBZT	VARCHAR2（500）				状态		是
CLZT	VARCHAR2（500）				处理状态		是
SYNC_IUD	VARCHAR2（500）				同步标志 int		是
SYNC_TIME	VARCHAR2（500）				同步时间		是
SYNC_PROCODE	VARCHAR2（500）				同步省		是
JCXMDW	VARCHAR2（500）				监测项目单位		是
SJZSND	VARCHAR2（500）				实际折算浓度		是
PFLJSZSND	VARCHAR2（500）				排放量计算折算浓度		是

附表 41　未开展监测记录表（HB_SJCJ_QY_BJCJLB）

字段名	类型	默认值	允许空	主键	显示名称	说明	上传字段
ID	VARCHAR2（50）		N		不检测记录ID		是
BJCLX	VARCHAR2（50）		Y		不监测类型	1 企业；2 排放设备；3 监测点；4 监测项目	是
BJCBH	VARCHAR2（50）		Y		不检测编号，对应不监测类型		是
BJCKSSJ	DATE（7）		Y		开始日期		是
BJCJZSJ	DATE（7）		Y		截止日期		是
BJCYY	VARCHAR2（200）		Y		不监测原因		是
SFTC	VARCHAR2（2）DEFAULT 0		Y		是否停产	默认为 0	是
QYBH	VARCHAR2（50）		Y		企业编号		是
BJCMC	VARCHAR2（100）		Y		不监测名称		是

字段名	类型	默认值	允许空	主键	显示名称	说明	上传字段
BJCYYPZ	VARCHAR2（50）		Y		不监测原因凭证		是
QYMC	VARCHAR2（300）		Y		企业名称		是
SHENG	VARCHAR2（100）		Y		省		是
SHI	VARCHAR2（100）		Y		市		是
XIAN	VARCHAR2（100）		Y		县		是
SYNC_IUD	NUMBER		Y		同步标识		是
SYNC_TIME	VARCHAR2（50）		Y		同步时间		是
SYNC_PROCODE	VARCHAR2（50）		Y		同步省		是
JCFS	VARCHAR2（50）		Y		监测方式	A 手工；B 在线	是